KB024851

# 이주·경계·자유

실제적 진단과 변증법적 접근

# 이주 · 경계 · 자유

하랄드 바우더 지음
이영민, 김수정, 이지선, 장유정, 정예슬, 최혜주 옮김

Migration Borders Freedom

푸른길

# 차례

# 서문

'이주·경계·자유'라는 제목은 일종의 언어적 유희이다. 세 개의 명사로 구성된 이 제목을 통해 이 책에서 주목하고자 하는 핵심 개념들이 무엇인지를 확인할 수 있다. 출판사에서는 책 제목이 "시장(상황)을 반영할 수 있는 핵심 개념을 담고 있는지"에 매우 관심이 많다. 따라서 인터넷이나 서가를 둘러보는 독자들은 이 책이 이주와 경계와 자유에 관한 것이라는 사실을 즉각 알아챌 수 있을 것이다.

이 책의 제목은 하나의 서술어 문장으로 해석될 수도 있다. 즉, '경계(borders)'라는 단어가 동사가 되는 것이다. 이 제목이 서술어를 지닌 하나의 문장으로 읽힐 수 있는 이유는 두 가지이다. 첫째, 이주는 자유를 둘러싸고 있는 경계를 만들어 내는 것을 의미한다. 이러한 의미는 이주가 더 큰 자유로 나아가는 것이 아니라 오히려 자유의 제한으로 이어진다는 것을 보여 준다. 가령, 시민권, 경제적 안정성, 공동체 소속, 기원국 정부의 보호 등과 연관된 자유를 가지고 있는 어떤 사람이 시민권이 없는 다른 국가로 이주해 갔을 때, 그의 자유는 사라지게 된다. 그 사람은 이주해 간 국가에서 노동 시장 접근이 거부되고, 경험 기회를 차별받으며, 심지어 범죄자로 취급받기도 한다.

이 책의 제목을 서술어 문장으로 해석할 수 있는 두 번째 이유는 "이주는 자유의 경계 지점에서 이루어지기" 때문이다. 나는 이러한 의미를 요새화된 성벽으로 경계 지어진 중세 유럽 도시로 상상해 본다. 성벽 안쪽에는 자유시민들이 거주한다. 성벽 주위의 배후지에는 봉건영주들에게 종속된 농노들이 거주한다. 농노들은 이주를 통해 도시의 성문(gates)에 다다르게 되는데, 이 성문은 그들에게 자유를 가져다줄 수 있을 만큼 아주 가까운 곳에 있다. 그러나 이주자가 이를 통과할 수 있느냐의 여부는 성문 지기(gatekeeper)에게 달려 있다. 이처럼 이주는 자유의 영역 바로 바깥에서 이루어지는 것이다. 즉 이주는 자유에 근접하는 것이기는 하나, 그것이 곧 자유를 갖게 됨을 의미하는 것은 아니다.

이렇듯 이 책의 제목이 지닌 여러 가지 의미는 이 책의 목차에도 반영되어 있다. 이 책은 경계와 이주가 어떻게 상호 연결되어 이주자의 권리와 자유가 거부되는지의 문제에 주목한다. 다른 한편으로 이 책은 이주가 권리, 보호, 소속, 경제적 안정성 등의 모습을 띠는 자유를 가져다줄 수 있으리라는 전망을 내다보고 있다. 또한 이 책은 이주자가 그들 자신과 자유 사이의 은유적 도시 장벽을 뛰어넘을 수 있는 해결책이 무엇인지를 모색한다. 사실상, 이 같은 역할을 하는 도시는 이 책의 2부에서 중요한 대상으로 다시 다루게 될 것이고, 거기서 그 해결책을 논의하고자 한다.

추가로 이 책의 제목이 여러 가지 방식으로 해석이 가능한 모호성을 함축하고 있다는 점은 내가 이 책에서 다루고 있는 경계, 이주, 자유 등 3가지 개념들을 탐구하기 위해 어떤 접근 방법을 채택하고 있는지와도 관련이 있다. 이 각각의 개념들도 마찬가지로 관찰자의 입장과 이해관계에 따라 다양한 방식으로 해석될 수 있다. 이 책은 다양한 해석들과 그것들의 모순점 모두를 포함하는 통합적인 방식을 취하면서, 국경 및 이주에 관한 대안적 실천을 모색하고자 한다.

이 책 전반에 걸쳐 나는 이주(migration)와 이주자(migrant)라는 용어를 사용한다. 일부 동료들은 이 용어에 대해 비판적이며, 오히려 '이동성(mobility)'이라는 용어가 사람들이 지구 표면을 가로질러 이동하는 복잡한 양상을 포착하는 데 더 적절하다고 주장한다. 또 다른 동료들은 '이주자'라는 용어가 국가의 강압적인 관행을 표현한다고 주장한다. 즉, 이주자라는 범주가 국가에 의해 만들어졌고, 그렇게 만들어진 범주가 인간 존재에게 우선적으로 낙인처럼 찍혀 버렸다고 보는 것이다. 그럼에도 불구하고 나는 이주자라는 용어를 그대로 사용하기로 했는데, 그 이유는 이 용어가 이동성을 실천하는 사람, 그리고 자신의 권리와 소속을 주장하는 사람을 동시에 대변한다고 보기 때문이다. 15~19세기 동안 유럽인들이 아프리카에서 흑인들의 권리를 말소하고 쇠사슬에 묶어 아메리카 대륙으로 이송했을 때, 흑인들은 노예무역업자들에 의해 움직이는 상품으로 간주되었다. 이 노예들은 이주자임을 거부당했다. 인간성, 권리, 자유의지를 인정받지 못했던 것이다. 이와는 달리 나는 이주자라는 용어를 사용하여 움직이는 사람들이 가지고 있는 인간성, 소속의 권리, 자유의지를 인정하려는 것이다.

이 책, 『이주·경계·자유』는 3가지 개념들과 관련된 다양한 아이디어를 탐구하는 내용으로 구성된다. 즉, 국경에서 벌어지는 일들이 이주자에게 가하는 고통을 비판하고, 더 나아가 미래지향적이고 실현 가능한 해결책을 모색한다. 이렇듯 이 책은 이주자들의 더 큰 자유와 정의를 향한 정치적 행위, 실천적 행동, 학문적 기여에 도움을 줄 수 있는 실제적이고 개념적인 도구를 독자들에게 제공하려는 의도로 집필되었다.

이 책의 집필을 시작했을 때 내가 타깃으로 생각했던 독자는 이주와 국경 횡단 이동성에 관심이 있는, 그리고 당연시되는 아이디어를 문제시하며 '큰' 사고를 회피하지 않는 사람들, 학계 구성원, 연구자, 고학년 학생, 활동가, 정책 입안가 등이었다. 나는 지리학자이고 이 책은 루트리지 출판사의 인문지리학 시리즈(Routledge Studies in Human Geography series)의 일환이다. 그렇지만 이 책은 인류학, 지리학, 역사학, 철학, 정치학, 사회학 등을 포함한 사회과학과 인문학의 제반 분야와 경계 연구, 국제 연구, 이주와 난민 연구 등 초학문적 분야에서 읽힐 수 있는 학제적 연구서이다.

경계와 이주의 정치에 관한 진취적인 주제에 관심이 있는 독자들을 더 많이 끌어들이기 위해, 나는 비전문가 독자들에게도 다가갈 수 있도록 어려운 전문 용어를 가능한 한 줄이는 방식으로 최대한 노력하여 글을 써보았다. 대부분의 학문 분야에서 이러한 글쓰기 방식은 잘 사용되지 않는다. 나는 종종 우리가 전문 용어를 사용하는 것이 우리의 사고 과정을 줄이기 위한 방편이라고 생각한다. 그 전문 용어는 이전에 개발된 아이디어를 축약하여 다른 전문가들이 이를 잘 해독할 수 있도록 주조되곤 한다. 그런데 나는 그러한 전문 학술 용어를 내려놓게 되면, 습관적으로 모호함과 혼란을 던져 주는 용어의 장막 뒤에 더 이상 숨을 필요가 없게 된다는 것을 알게 되었다. 더군다나 나 자신에게 좀 더 분명한 언어로 설명하려 노력하는 과정에서 내 사고의 흐름은 더욱 정교화될 수 있었다. 이는 결국 독자들이 쉽게 이해할 수 있도록 해 줄 뿐만 아니라 내가 내 주장의 논리를 정련시키는 데도 도움을 준다. 그럼에도 불구하고, 전문 학술 용어를 내려놓기가 어려운 경우도 간혹 있다. 가령, 편집 전문가인 나의 아내가 무척 싫어하는 '변증법'이라는 용어를 피한 채 그 내용을 설명할 마땅한 방법을 찾지 못했다. 그래서 나는 그 용어를 그대로 사용했고, 최대한 쉽게 풀어내어 독자들이 그 의미를 확실하게 이해할 수 있도록 최선을 다했다. 나는 이 책을 각주나 미주 없이 집필 완료했는데, 이 점에 대해 큰 자부심을 갖고 있다. 왜냐하면 나는 아이디어들이 잘 연결된 본문 텍스트만으로도 그 이해가 원활하게 이루어질 수 있는 그런 책을 소망하기 때문이다.

이 책은 다양한 역사적 시기와 지리적 위치에서 벌어진 사례들을 다루어 글로벌 독자들이 폭넓게 읽을 수 있도록 집필되었다. 출간 전에 제시된 이 책의 소개글을 미리 검토한 분들께서는 이 책이 서가에 오랫동안 진열될 수 있도록 더 많은 역사 자료들을 포함할 것을, 그리고 그 역사 자료의 토픽이 지닌 '무시간적인(timeless)' 특성들을 기술해 줄 것을 제안했다. 나는 국경을 가로지르는 이동성 토픽이 계속 반복되는 이슈라는 점에 동의하지만, 경계, 이주, 자유와 연관된 관행과 정책들은 특히 오늘날 커다란 문제로 부상하고 있다. 이러한 관행과 정책으로 인해 전례 없는 수많은 이주자들이 최근 사망에 이르거나 권리를 박탈당하고 있다. 검토자들의 조언을 수용하여 일부 역사 자료들을 추가로 포함했지만, 나는 주로 지금 이 시점을 기준으로 이 책을 집필했다. 이 책의 집필 과정에서 이주, 국경 통제, 이동성의 자유 침해 등의 토픽들은 뉴스와 정치권의 주목을 사로잡았다. 이 시기에 국경 횡단 이주의 문제는 뉴스의 핵심 기사가 되었고, 초고가 완성되어 갈 무렵인 2015년 중반에서 2016년 초반 사이에는 특히 독일에서 가장 뜨거운 논쟁거리가 되었다.

검토자들은 또한 지구촌 곳곳의 더 많은 사례들을 책에 포함시켜 나의 주장을 전개해 볼 것을 권고해 주었다. 이를 반영하여 이 책은 문제적인 국경 관행이 일부 지점들에서만 제한적으로 이루어지고 있는 고립적인 사안이 아니라는 점을, 그리고 지구 표면과 그 인구를 영토적 국민 국가들로 분리, 분산시킨 지구적 질서 속에서 체계적으로 형성되어 있는 문제라는 점을 강조한다. 나는 검토자들의 이러한 권고를 최대한 많이 따르고자 노력하면서도, 또한 엄밀성을 요구하는 학계의 요구와도 균형을 맞춰야만 했다. 나는 신뢰성을 확보하기 위해서 결국 나의 학문적 지식의 영역을 재현해 주는 사례들을 이용해 나의 주장을 피력할 수밖에 없었다. 그리하여 유럽, 북미, 글로벌 북부의 맥락을 압도적으로 많이 포함할 수밖에 없었다. 따라서 내 주장이 다양한 지리적, 역사적 맥락에 어떻게 적용될 수 있는지, 그리고 그러한 적용이 과연 가능한 것인지를 다른 학자들께서 검토해 주기를 바란다.

일부 독자들은 이 책이 유럽 중심적인 서구의 관점을 재현하고 있다고 지적할 것이다. 이 책에서는 특히 자유와 유토피아 같은 핵심 개념들을 유럽과 서구의 철학 전통에 입각하여 다루고 있다. 따라서 독자들의 그런 지적은 타당하다. 이런 의미에서 이 책은 진정한 글로벌 관점, 혹은 무시간적 관점을 제시해 주지는 못한다. 자유, 경계, 이주 등에 관한 지식은 보편적인 것이 아니며, 항상 특수한 지리적, 시간적 맥락 속에 놓여 있는 것이다.

1장

# 서론

우리가 추구하는 것은 자유이다. 이동, 귀환, 체류의 자유

(Syed Khalid Hussan, 2013, 280)

지난 토요일, 이주 도중 사망한 두 살배기 소년의 익사체가 올해 처음으로 발견되었다. 그를 포함하여 사람들로 가득찬 배는 그리스 아가토니시(Agathonisi)섬의 암초에 충돌했다.

위의 문장은 "이주자 파일(Migrants' Files)" 컨소시엄이 2016년 1월 2일 한 어린아이의 비극적이고 불필요한 죽음을 기록한 것이다. 유럽 15개국 이상의 언론인들이 모여 만든 이 컨소시엄의 목표는 유럽에 도달하기 위해 이동하는 도중에 죽음에 이르게 된 남자, 여자, 아이들에 관한 종합적이고 신뢰할만한 데이터를 제공하는 것이다. 이는 단지 사망자의 숫자를 파악하는 것에 그치지 않고 더 상세한 작업을 수행한다. 그것

은 다름 아닌 사망자의 이름, 나이, 성별, 사망 혹은 실종의 정확한 위치 등을 기록하여 그들도 엄연히 한 인간임을 밝혀주는 것이다(Migrants' Files, 2016).

컨소시엄의 웹 사이트에 기록된 일부 사례들은 암울한 상황을 그대로 드러내 주고 있다. 기록에 의하면, 2015년 12월 24일, 기독교 세계가 구세주의 탄생 축하 행사들을 준비하는 동안 "이주자들로 빽빽이 들어찬 배가 에게해에서 가라앉았고, 그 과정에서 최소 18명이 익사했다. 터키 해안 경비대는 여러 어린아이를 포함한 이들의 시신을 수습했고, 실종된 또 다른 두 명을 추적(hunting) 중이었다." 2015년 8월 27일의 기록에는 "리비아 해안에서 200구에 이르는 시신이 떠다니는 것이 발견되었다."라고 적혀 있다. 같은 해 초에는 "리비아 해안을 떠나 이탈리아에 도달하려고 시도 중이었던 약 400명의 이주자들이 배가 전복되었을 때 죽음의 공포에 휩싸였다고 생존자들이 증언했다."(2015년 4월 13일)라고 적혀 있으며, "이주자로 가득 찬 배가 이탈리아로 가기 위해 리비아의 수도 트리폴리를 떠난 직후에 난파되어" 결국 600명이 익사하거나 실종되었다(2011년 5월 8일)고 적혀 있다. 목록은 계속 이어진다. 바다에서의 익사뿐만 아니라 트럭에 구겨져 밀입국 중에 사망한 이주자, 굶주림과 탈진으로 사망한 이주자, 국경 경비대의 총에 맞아 사망한 이주자, 막다른 상황에서 자살한 이주자, 기타 원인에 의해 사망한 이주자 등도 포함된다. 2015년 한 해 동안 이주자 사망 관련 사건은 총 196건이었고, 사망자는 1,472명, 실종자는 2,130명이었다. 이와 관련된 그림 1.1의 지도는 해상을 통해 유럽에 진입하려는 시도가 가장 많은 인명을 앗아 갔음을 보여 주고 있다. 대부분의 사망자는 에게해에서 발생하였는데, 이들은 터키에서 그리스에 도달하려고 시도하거나, 리비아 해안을 떠나 이탈리

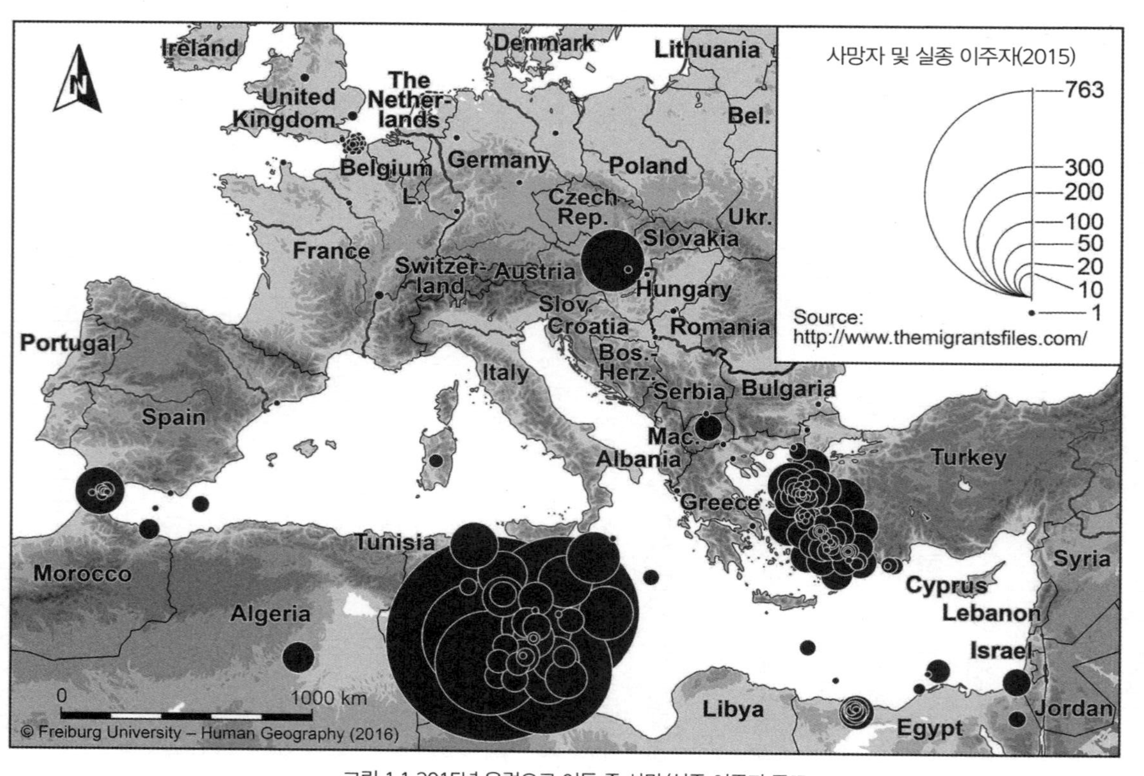


그림 1.1 2015년 유럽으로 이동 중 사망/실종 이주자 규모

출처: Migrants' Files, 지도제작: 비르지트 가이다(Birgitt Gaida)

아에 도달하려고 시도하다가 사고를 당했다. 2015년 8월에는 오스트리아에서 트럭 뒷부분에 71명의 이주자가 죽은 채로 발견되었는데, 이처럼 물리적 국경을 넘은 후에도 이주자가 사망에 이르는 사고는 계속 발생하고 있다. 전체 데이터베이스에 저장된 항목은 2016년 1월 초 기준 3,049개이고, 2000년 이후 사망하거나 실종된 남성, 여성, 어린이의 숫자는 총 31,811명으로 추산된다. 이처럼 대단히 많은 이주자들이 사망에 이르렀음을 확인할 수 있는데, 사실 실제 숫자는 안타깝게도 이보다 훨씬 더 많다. 모든 사망자를 신중하게 기록하려는 언론인들의 용감한 노력에도 불구하고, 아무도 보지 못했거나 문서화되지 못한 사망자의 수도 상당히 많은 것이다.

호주에서는 모나시 대학교(Monash University) 연구원들이 유사한 데이터베이스를 만들었다. 호주 국경 사망자 데이터베이스(Australian Border Deaths Database)는 호주의 국경 업무 과정에서 벌어진 사망 사건을 기록하고 있다. 거기에는 "2013년 4월 11일, 58명 익사: 레마툴라 무하메드 칸(Rehmatullah Muhammad Kan, 남성), 마히디 피데이(Mahidi Fidayee, 16세 남성), 압둘 아지즈(Abdul Aziz, 63세 남성), 이바르 하인 라자비(Ibar Hain Rajabi, 17세 남성), 나머지는 미상, 모두 아프가니스탄 사람들" 이런 식으로 기록되어 있다. 그들이 탄 배는 "호주로 향하는 망명 신청자 72명을 태운 채 인도네시아 해안의 순드라(Sundra) 해협에서 사라짐: 생존자 14명 발견, 사망자 5명 확인, 실종자 53명(익사로 추정)." 2001년 10월 19일에는 또 다른 사건이 발생하여 이라크와 아프가니스탄에서 온 어린이 146명, 여성 142명, 남성 65명 등 총 353명이 목숨을 잃었다. 그들은 "코드 명 'SIEV X'의 난민 선박이 인도네시아 해안이면서 동시에 호주 영공 보호 감시 구역인 곳에서 침몰했을 때 익사했다." 이 데이터베이스는 2000년 초부터 2016년 1월까지 1,947명의 사망자를 기록하고 있다(Border Crossing Observatory, 2016). 그런데 유럽 통계의 경우와 마찬가지로 실제 수치는 훨씬 더 높을 것으로 추정된다(Pickering and Cochrane, 2012).

한편, 미국 텍사스의 베일러 대학교(Baylor University) 소속 법의(forensic)인류학자 로리 베이커(Lori Baker)는, 자신이 운영하는 실험실의 연구팀과 함께 멕시코에서 미국으로 국경을 넘다가 사망한 이주자들의 유해에서 DNA를 추출하고 분석하는 작업을 하고 있다. 베이커는 2003년, 애리조나주, 피마(Pima) 카운티에서 발견된 여성의 뼈를 검사하여 얻은 첫 번째 사례에 대해 로스앤젤레스 타임스에 기고한 바 있다. 그런데, 유해가 발견된 곳 근처에서 유권자 등록 카드도 발견되었는데, 이것이 사망한 이주자의 신원에 대한 결정적 단서를 제공했다. 베이커의 분석에 따르면 카드에 적힌 이름과 DNA가 일치하는 것으로 밝혀졌다.

> 멕시코 유카탄 출신으로 두 아이 엄마인 로사 카노 도밍게즈(Rosa Cano Dominguez, 32세)는 태평양 연안의 미국 북서부 지역에서 일하기 위해 이동하던 중 발목을 삐었다. 그녀는 밀입국업자들에게 버림받았다.
>
> (Hennessy-Fiske, 2013, 로스앤젤레스 타임스 기사)

과학자인 로리 베이커와 사망한 이주자는 공통점이 많았다. 둘 다 임신 중이었고, 30대의 워킹맘이었다. 또한 둘 다 사회 경제적 지위가 낮은 가정 출신이었다. 베이커는 로스앤젤레스 타임스 기자와의 인터뷰에서 "나는 그 사건을 보고 울음을 멈출 수 없었다"라고 말하면서 고인이 실제로 누구인지 밝혀졌을 때 그녀가 경험한 감정이 어땠는지를 그대로 드러냈다.

국경에서의 사망 사고는 부유한 글로벌 북부 국가들의 경계에서만 발생하는 것이 아니다. 2015년, 전 세계 언론은 미얀마를 탈출한 후 동남아시아 어부들에 의해 바다에서 구출된 수천 명의 로힝야족 사람들이, 미얀마에서 시민권을 거부당한 채 다양한 형태의 학대에 직면했었음을 보도했다. 이런 상황에서 로힝야족 사람들은 합법적인 이주 자체가 불가능했고, 주변 국가들은 이들을 받지 않겠다고 선언했기 때문에 어쩔 수 없이 부도덕한 밀입국 조직에 의존할 수밖에 없었다. 이후 이 밀입국업자들은 난민들을 바다에 그냥 내버렸는데, 때로는 물이나 식량조차 제공하지 않은 채 내버리는 경우도 많았다(NPR, 2015). 합의한 목적지로 난민을 데려오는 데 성공한 이후에는 목적지의 정글 속 캠프에 억류하여 그들이나 고향에 남아 있는 그들 가족으로부터 돈을 더 뽑아내는 일도 종종 벌어지곤 했다. 언론에서는 태국과 말레이시아 국경에 어지럽게 흩어져 있는 대규모의 무덤들에 대해 보도한 바 있다. 여기에는 난민 수용소의 잔혹한 환경에 적응하지 못하고 사망에 이르렀거나, 한순간에 살해당한 로힝야족 사람들의 시신이 매장되어 있다(Davis and Cronau, 2015; Beech and Kelian, 2015).

국경은 치명적인 장애물이 되고 있는데, 이곳에서 사망하는 사람들의 수는 전쟁, 대량 학살, 전염병, 자연재해 등으로 사망하는 사람들의 수와 별 차이가 없다(Brian and Laczko, 2014). 국경에서 발생하는 이주자 사망 사건은 과거에도 있었던 일이지만 최근에는 그 상황이 훨씬 심각해졌다. 지중해에서, 남태평양과 호주 사이의 해역에서, 미국-멕시코 국경에서, 동남아시아 해역에서 발생하는 끔찍한 수준의 이주자 사망 사건들과 그 규모는 단순한 사고의 수준이 아니라 재앙적인 수준에 도달했음을 잘 보여 준다.

이주 현상은 계속 변하면서 복잡한 양상으로 전개되고 있다. 이주 연구가들은 이를 정확히 파악하기 위해 최근 '국경 관리체제(regimes)'에 대한 논의를 점점 더 활발하게 진행하고 있다(Tsianos and Karakayali, 2010). 이러한 관리체제는 이주의 두 가지 주체들, 즉 피해자로서의 이주자와 이동성을 제한하려는 (가해자로서의) 국가를 명확하게 구분하지 않는다. 오히려 그러한 관리체제는 국가 정부와 행정 당국, 시민 단체, 다양한 감시 기술과 통제 메커니즘을 사용하는 기타 행위자, 그리고 이러한 기술과 메커니즘을 피해 월경하려는 이주민의 노력과 동기 등이 어떻게 상호작용하는지에 초점을 맞추고 있다. 이주자 사망 사건들의 근본적인 이유는 주류의 정치인과 언론이 우리를 호도하는 것과 같은 단순한 밀입국의 문제가 아니다. 분명한 것은 이주자의 삶 자체에는 거의 신경을 쓰지 않고, 그들의 취약한 상황을 이용만 하여 최대한 많은 돈을 뺏어가려는 밀입국업자들이 이 사건들에 가장 큰 원인이 되고 있다는 점이다. 이 밀입국업자들은 일종의 괴물이다. 만약 폐쇄된 국경이 없다면, 이 밀입국업자들은 존재할 수 없을 것이다. 왜냐하면 절망적 상황 속에서 어쩔 수 없이 희생당할 수밖에 없는 '고객'이 존재하지 않을 것이기 때문이다.

사람들은 전쟁과 굶주림에서 벗어나기 위해, 사랑하는 사람과 함께 있기 위해, 더 양호한 목초지를 확보하기 위해 계속 이주해 왔다. 오늘날에는 교통의 발전으로 여행이 더 저렴하게, 더 빠르게 이루어질 수 있게 되었고, 통신기술의 발전으로 물리적 거리에 상관없이 가족 및 친구들과 연결할 수 있게 되었다. 그 결과 전 세계 인구의 이동성은 크게 증가하였고 이주 흐름도 다양해졌다. 동시에 국제적 정치 상황이 새롭게 변하면서 전 지구적으로 이주가 더욱 촉진되었다. 가령, 철의 장막이 무너지면서 아시아와 유럽의 많은 사람들이 이주할 수 있게 되었다. 그리고 아랍의 봄 이후 정치적으로 격동의 시기를 거치면서 수백만 명의 사람들이 고향을 떠나야만 했고, 결국 피난처를 찾기 위해 국경을 넘을 수 밖에 없는 상황에 이르렀다. 더불어, 국가 경제들 간의 통합이 증대되고, 이에 상응하는 국가 간 정치적 상호 의존성도 증가하고 있다.

글로벌 정치 및 경제 통합이 증대됨에 따라 글로벌화 연구자들과 기업 전략가들은 국경이 무의미해질 것이라고 예측했다(예를 들어 Ohmae, 1991, 1995). 이러한 예측은 오늘날의 상황에서 볼 때 잘못된 것이었다. 국경이 사라지기는커녕 그 의미가 오히려 깊어지고 있다. 유럽, 호주, 미국 등 더 안전한 곳으로의 입국이 차단된다면, 더 빠르고 저렴한 교통수단이 개발되었더라도 별 효과가 없다. 실제로 이주자들이 국경을 넘으려다가 붙잡혀 구금됐을 경우, 그들은 이동성을 완전히 상실하게 된다. 이주의 맥락에서 국경과 그 관리체제는 사라지는 것이 아니라 오히려 더 강력해지고 더 치명적인 것으로 변해가고 있다.

국경이 지속적으로 적실성을 유지하고 있는 것은 국민 국가들 간의 경제적, 정치적 관계가 계속 변해가고 있는 것과 맞물려 있다. 그 좋은 사례가 바로 유럽 지역이다. 솅겐 지역(Schengen Area)에 속한 유럽 국가들은 서로의 시민들에게 국경을 개방했지만, 동시에 솅겐 지역 전체의 경계를 요새화했다. 2015년 오스트리아, 독일, 스웨덴과 같은 일부 국가들은 난민을 규제하기 위해 일시적으로 국경의 통제를 부활시켰다. 이주 문제와 관련된 정책과 실천 방식이 지속적으로 변해가고 있다는 사실에서 나는 어떤 희망을 발견한다. 즉, 국경을 공고히 하는 것이 이 세계에 살고 있는 대다수 사람들의 이익을 위한 어쩔 수 없는 시대적 흐름이 결코 아니라는 희망을 보게 되는데, 그럼에도 만약 그러한 흐름이 어쩔 수 없는 것이라면 결국은 완전한 국경 봉쇄로 이어지게 될 것이다. 하지만 그보다는 오히려 이주 규제를 담당하고 있는 정부나 행위자들이 국경을 완전히 봉쇄하는 것이 불가능하다는 사실을 깨달을지도 모른다. 즉, 모두를 위한 대안적 해결책을 모색하면서 이주의 장벽을 점차 줄여나가다가, 어느 한순간에 다다르면 그 장벽을 한꺼번에 제거해버릴 수도 있지 않을까 예상해 본다.

장기적으로 보았을 때, 우리를 둘러싼 정치, 경제의 구조는 국가적 스케일을 뛰어넘어 계속해서 재구성될 것이다. 물론 국가적 상상력은 여전히 강력한 힘을 발휘하곤 한다. 예를 들어, 최근 글로벌 북부 전역에서 민족주의적 반이민 정당과 프로그램이 부상하면서 국가 단위로 그 안에 살고 있는 유권자들이 그러한 이념에 선동되고 있다. 하지만 결국 이는 새로운 지정학적 상상력으로 대체될 수 있을 것이다. 사회학자 사스키아 사센(Saskia Sassen, 2008, 147)은 "글로벌화와 전자 네트워크"가 우리에게 새로운 상상을 가져다줄 것이라고 본다. 그 상상은 조만간 우리의 정치를 바꾸어 오늘날 우리가 알고 있는 정치 체제를 재편성시킬 것이다. 이 추세가 계속된다면, 마침내 국경이 무의미해지는 장기적인 시나리오가 가능할 수도 있을 것이다. 그러면 모든 사람이 어디든 자유롭게 이동할 수 있게 될 것이다.

그러나 현재 이주의 문제는 출생국에서, 혹은 국경에서 받은 국적에 의해 여전히 통제되고 절충이 이루어지고 있다. 사실상 자유로운 국경 넘기의 이동성은 이주자들의 상황을 개선하는 방향으로 진행되지는 않고 있다. 만약 이주자들이 국적이 없기 때문에 위험에 처하게 된다면 더 더욱 그렇다. 폐쇄된 국경과 배제의 문제를 근본적으로 해결하려면 몇 가지 어려운 질문에 답을 구해야 한다. 이주가 국경의 제약이 없이 이루어져야 하는 것일까? 국경과 관련하여 현재처럼 확고하게 확립된 정치적 실행 방식과 원칙을 어떻게 하면 바꿀 수 있을까? 모든 사람이 이주의 자유를 구가하는 세상에서는 어떤 종류의 정치적 상상이 필요할까? 이 책은 이러한 질문에 답을 구해 보고자 한다.

## 자유, 경계, 이주

자유라는 개념 없이 현대 사회를 상상할 수는 없다. 이는 칸트와 헤겔, 존 로크, 애덤 스미스 같은 계몽 사상가들의 철학에서 핵심 개념을 이루고 있다. 그들의 아이디어는 철학 분야의 기초가 되었을 뿐만 아니라 오늘날 우리 삶을 구성하는 정치 및 경제 시스템을 만들어 냈다. 그럼에도 불구하고 보편적으로 받아들여지는 자유의 정의란 존재하지 않으며, 다양한 방식으로 해석되고 있다.

자유 개념에 대한 한 가지 해석은 추론하고 결정하는 것에 대한 개인의 자율성과 관련이 있다. 이러한 자율성에는 종교 문제에 대한 결정의 자유, 언론의 자유, 계약 협상 및 서명의 자유, 재산을 매매하고 소유할 수 있는 자유, 그리고 내가 무엇을 해야 하고 어떻게 살아야 하는지를 다른 사람의 간섭 없이 나 자신이 결정하는 자유가 포함된다. 자유에 대한 이러한 자유주의적 해석은 평등의 개념과도 관련이 있다. 모든 사람은 동등하게 자유를 누릴 수 있어야 하며, 어떤 사람이나 집단도 다른 사람의 자유를 방해할 수 있는 비대칭적 능력이나 권리를 가져서는 안 된다는 점에서 그러하다. 개인의 자유는 또한 재산을 소유, 거래, 사용하는 자유와 계약의 자유를 강조하는 신자유주의적 자유 방임 경제 및 정치 관행과 관련하여 그 철학적 기반을 제공한다.

비평가들에 따르면, 자유에 대한 자유주의적인 해석은 일종의 이념적 기만이다. 반세기 전 철학자 마르쿠제(Herbert Marcuse, 1964)는 대중 사회가 자유와 평등의 개념을 포함한 계몽주의 어휘들을 적절하게 활용해 왔는데, 이 어휘들을 독립적인 사고와 인간 해방을 가능하게 하는 방식으로 사용하기보다는 오히려 그것들을 제한하는 방식으로 사용해 왔다고 보았다. 40년이 지난 후 지리학자 하비(David Harvey)는 신자유주의의 역사를 정리하면서 비슷한 주장을 했다. 하비(Harvey, 2009; 2005, 5-38)에 따르면, 신자유주의 이데올로기는 자유 개념을 다소 좁게 설정하여 시장원리(market forces), 기업, 재산 소유권 등에 적용해 왔다. 이렇게 독특한 방식으로 자유 개념이 적용된 결과, 자본주의적 관행은 우리 삶의 더 많은 측면을 장악하였고, 지구 표면의 마지막 남은 구석진 토착민 지역으로까지 확장되었으며, 이 모든 것들을 정당화해 나갔다. 자유라는 미명하에 지구촌 사회는 수자원, 생태적으로 민감한 삼림 지대, 과학 지식, 생물의 유전자 코드, 노인과 아이들을 돌보는 일까지 모든 것을 상품화하였다. 심지어는 공기로 구성된 공간조차도 판매되기에 이르렀다. 필자의 고용주인 라이어슨 대학교(Ryerson University)는 주간 시간 동안에는 강의실로 사용한다는 조건을 내걸어 개인 회사가 주차장 위에 영화관을 지을 수 있도록 했고, 이는 결국 주차장 상부의 '공기(air)'에 대한 권리를 넘겨준 꼴이 되었다. 당황한 대학 총장, 셸던 레비(Sheldon Levy)는 "공기권(air rights)에 대해 누가 알았겠는가?"(Brown, 2015)라고 말하면서 자신의 대학이 그 위의 공기조차도 임대 거래하는

"자유"에 대해 놀라워했다.

그러나 이 같은 자유주의적 해석만이 자유에 대한 유일한 해석은 아닐 뿐더러, 가장 설득력이 있는 해석도 아니다. 실제로 개인적 자유가 (신)자유주의적 이념으로 변신하게 되면, 자기 결정의 자유, 종속과 지배로부터의 자유, 착취로부터의 자유, 부와 기회의 불공정한 분배로부터의 자유와 같은 다른 유형의 자유가 제한을 받곤 한다. 예를 들어, 하비는 "개인의 자유와 사회 정의의 가치가 반드시 양립할 수 있는 것은 아니다"라고 지적한다(Harvey, 2005, 41). 헤겔과 마르크스에 뿌리를 둔 철학적 전통은 사회 정의와 관련된 자유의 서사를 만들어 냈다. 이 서사에 따르면, 종속되고 불안정한 집단은 지배적인 정치, 경제적 구조에 의한 착취와 억압으로부터 벗어날 자유를 누릴 권리가 있다. 자유에 대한 이러한 구조적 이해는 개인을 강조하는 자유와 때로는 충돌하게 된다.

자유의 개념에 대한 또 다른 해석들도 존재한다. 역사학자 미셸 푸코(Michel Foucault)는 자유를 "통치성(governmentality)에 없어서는 안 될 반드시 필요한 요소"로 간주한다(Foucault, 2007, 353). 그는 자유와 권력 사이의 "복잡한 상호작용"을 지적하는데, 양자는 서로를 필요로 한다고 보았다(Foucault, 2002, 342). 푸코에 따르면 자유와 권력은 서로 상반된 힘으로 명확히 분리될 수 없다.

정치 이론가인 한나 아렌트(Hannah Arendt, 1960)는 자유를 또 다른 방식으로 개념화한다. 그녀는 자유와 자유의지(free will) 개념을 구별한다. 자유의지를 본질적인 인간 능력과 연관시키는데, 그 능력은 가능한 신댁지 중에서 자율적인 결정을 내리는 능력을 말한다. 반면에 자유는 새로운 것을 시작할 수 있는 능력을 말한다. 즉 "이전에 존재하지 않았던, 인지나 상상의 대상으로도 전혀 존재하지 않았던, 엄격히 말하자면 알려진 바가 전혀 없는 존재를 소환하는 능력"을 말한다(Arendt, 1960, 32).

아렌트, 푸코, 하비는 모두 자유가 정치로부터 벗어나는 능력, 혹은 정치적 간섭에서 벗어나 자유롭게 살아가는 능력과 동일시돼서는 안 된다는 데 동의하는 것 같다. 오히려 자유는 본질적으로 다른 사람들과의 상호작용을 필요로 하는, 그리하여 "그 모습을 드러내 주는 세속적 공간"(Arendt, 1960, 30)을 필요로 하는, 일종의 정치적 개념이다. 아렌트의 주장대로, 자유는 행동을 통해 성취된다. 기존에 인지적으로 형성되어(preconceived) 있는 목표를 달성하는 것이 아니라 변혁적인 사회적, 정치적 실천을 통해 우리 자신의 미래를 창조해 내는 것이다.

자유의 개념을 이해하기 위해 다양한 방식들(개인의 결정 자율권, 인간 평등, 구조적 억압의 극복, 자신의 미래를 창조하는 능력 등등)이 이 책에서 다루어질 것이다. 그리고 자유의 개념을 해석하는 다양한 방식들을 기반으로, 필자가 발전시킨 주장들이 어떤 위치로부터 나온 것인지에 대해서 이야기를 풀어 갈 것이다. 필자의 논의의 출발점은 간단하다. 모든 인간은 이주의 자유가 있으며, 이 자유를 행사할 수 있어야 한다는 것이다.

논의를 시작하는 단계에서 이러한 주장을 내세우는 것이 좀 황당해 보이는가? 전혀 그렇지 않다. 아렌트는 함부르크 자유시(Free City of Hamburg)가 주는 레싱 상(Lessing Prize)*을 수상하면서 다음과 같이 말했다. "우리가 '자유'라는 단어를 들을 때면 떠올리게 되는 모든 구체적인

* 역주: 독일의 작센 자유주(Free State of Saxony) 정부에서 문학 및 문예비평 분야 전문가에게 수여하는 권위있는 상. 고프리드 레싱Gottfried Lessing)이라는 인물의 업적을 기리기 위해 1993년부터 격년으로 심사를 거쳐 수여하고 있다.

것들 중에서, 이동의 자유는 역사적으로 가장 오래되고 또한 가장 기본적인 것이다." 고대부터 이동의 자유를 제한하는 것은 노예에게나 가해지는 조건이었다. 나는 "이동의 자유는 또한 행동을 위한 필수적 전제 조건"(Arendt, 1968, 9)이라는 아렌트의 주장과 같은 입장에 서 있으며, 따라서 이동의 자유는 곧 사람들이 정치적, 사회적 변화를 달성하기 위해 반드시 필요한 것이라고 말하고 싶다. 이동의 자유가 없으면 사람들은 자신의 운명을 스스로 만들어 갈 수 없다. 한 사람의 이동의 자유를 거부하는 것은 그 사람이 변혁적 정치에 참여하는 능력을 침해하는 것과 다르지 않다. 다시 말해, 이동의 자유는 인간 해방의 중심에 놓여 있다.

가장 중심이 되는 이러한 이동의 자유가 다른 유형의 자유와 연결된다는 점은 시드 칼리드 후산(Syed Khalid Hussan) 같은 사회 및 정치 활동가들에게도 중요한 부분이 아닐 수 없다. 그의 묘비명은 이 장의 맨 앞부분에 제시되었다. 사회 정의 운동가인 하샤 왈리아(Harsha Walia, 2013, 77)에 따르면, "이주자들이 한 곳에 정착하여 조직적인 퇴거 조치에 저항할 수 있는 자유, 존엄과 평등으로 대접받는 행복한 삶을 위해 이동할 수 있는 자유, 빼앗긴 땅과 집으로 귀환할 수 있는 자유" 등은 자본주의의 파괴적인 실천, 인종 차별주의, 식민주의, 그 외 다른 형태의 억압에서 해방되기 위해 가장 기본이 되는 것이다. 사람들이 국경을 넘지 못하도록 거부당할 경우, 국경 넘기를 시도하다가 사망했을 경우, 단순히 국경을 넘었다는 이유로 모욕을 받거나 비인간적인 대우를 받는 경우, 바로 이런 경우들이 이동의 자유가 제한되었을 때 벌어지게 되는 아주 분명한 결과들이다.

주권 국가가 국경을 넘는 사람들의 이동성과 관련된 권한을 독점해야 한다는 주장은 인간의 자유에 대한 전망을 어둡게 한다. 사회학자인 존

토페이(John Torpey, 2000, 123)는, 지구촌 공동체가 "상호 배타적인 시민체(bodies of citizens)들로 나누어져 있는 오늘날의 세계 질서에서 국제 이주는 국가 시스템이 대처해 내기가 쉽지 않은 변칙적 현상"이라고 말한다. 국가가 일반적으로 행하는 대응은 자유로운 국제 이주를 막는 것이다. 필요한 경우, "총으로 무장한 사람들이 경계를 강화하기 위해 배치된다."(Carens, 1995, 2). 이주자들은 이 총을 피하려고 하다가 큰 위험에 빠질 수 있으며, 때로는 앞서 설명한 것처럼 끔찍한 사망에 이르게 된다.

자유주의 정치 사상가들은 개인의 자유를 제한하는 것이 민주적 과정을 거침으로써 정당화될 수도 있다는 점에 이의를 제기할 것이다. 미국과 같은 주권 민주주의 국가에서 국경을 넘어 들어온 사람이 영토 경계 내에서 살 수 있는지 그 여부를 결정하는 것은 미국 국민의 몫이다. 이러한 자유주의에 의거한 정치적 주장의 논리는 큰 문제를 안고 있는데, 왜냐하면 이것이 오직 미국 내에 거주하는 사람들에게만 적용되고, 미국 밖에 거주하는 사람들에게는 적용되지 않기 때문이다. 하물며 미국 내에서조차도 불우하고 인종화된 집단, 여성, 특히 원주민 등의 목소리를 귀담아듣지 않으려는 경향이 있으며, 이 역시 민주주의의 약점이다. 사실 국경은 비민주적인 것으로 악명이 높다. 민주주의에서는 어떤 결정의 영향을 받는 사람들도 그 결정을 만드는 데 반드시 참여해야 한다. 그런데, 국경을 넘는 이주와 관련하여 국경의 한쪽 편에 있는 사람들만이 그 의사 결정 과정에 개입하고 있는 것이 현실이다. 즉, 국경의 다른 편에 있는 이주자들은 그 결정에 더 크게 영향을 받고 있지만, 결정 과정으로부터 배제된다. 이주의 자유가 제한되는 것은 아주 분명하게도 비대칭적이다. 국경의 어느 편에 위치하는지에 따라 달라지는 것이다.

## 이주의 자유 상상하기

자유 개념에 대한 논의를 이어가면서 이 책을 구성하고 있는 다른 주제와 그 내용을 소개하고자 한다. 한 가지 주제는 현실 세계의 맥락과 분리된 채 존재하는 개념과 아이디어는 없다는 점이다. 가령, 사람들이 자유를 추구하는 것은 그들이 자유롭지 못함을 경험할 때 구체화된다. 우리 사회에는 숨 쉬는 자유와 같이 (너무나 당연하여) 결코 자유로 인식되지 않는, 그런 류의 자유가 존재한다(Hawel, 2006). 그런데, 지속적인 오염으로 인해 맑은 공기가 희소해지고, 결국 사용 가능한 모든 공기가 거래되는 상품으로 변모하는 그런 시나리오를 상상해 보라. 이제 부자들만이 그것을 구매할 수 있게 되는 것이다. 그런 시나리오에서 사람들은 공기의 오염과 상품화가 우리의 숨 쉴 수 있는 자유를 어떻게 침해하는지를 깨닫게 될 것이다. 숨 쉴 자유에 대한 권리는 모든 사람이 그것을 행사할 수 있는 능력을 갖고 있다면 아무런 문제가 되지 않는다. 그러나 그 권리가 (일부 사람들에게) 거부된다면 문제가 되는 것이다.

모든 인간에게는 숨 쉴 자유가 있는 것처럼 비록 인식하고 있지 못한다고 하더라도 그들에게는 이주의 자유가 있다. 사람들이 폭력, 굶주림 또는 억압을 피하거나 자신의 미래를 창조해야 할 때 자유를 향한 행동이 요구된다. 이주의 자유를 실행에 옮기는 과정에서 이주자들이 바다에 난파되어 굶주림과 탈진으로 사망하거나 총에 맞아 사망했을 때, 혹은 사막에서 버려진 채 죽음을 맞이했을 때, 그때에 비로소 우리는 (인간이라면 마땅히 누려야 할) 이동의 자유가 거부되었음을 깨닫는다. 따라서 이주의 자유는 오직 역사나 정치의 결과로서만 필요하게 되는 것이다. 이주의 자유가 불허되고 제약을 받아 고통과 죽음을 초래할 지경에 이르렀을 때, 그때야 비로소 숙고할 만한 가치가 있는 문젯거리로 부상하게 되는 것이다. 그런 극단적인 일이 벌어지지 않는다면 아무런 문제가 되지 않으며, 더 나아가 아예 존재하지 않는 것이 될 뿐이다. 그렇기 때문에 자유는 (이주의 자유를 포함하여) 본질적으로 변증법적인 개념이다.

아, 변증법… 이는 연구초보자들을 움츠러들게 하는 용어이다. 필자는 이 용어에 매료되었지만 모두가 그렇지는 않을 것이다. 학문적 전문 용어를 피하려 노력해 보아도 결국 제대로 된 이해에 도달하지 못할 수 있기 때문에 필자는 이 용어를 계속 붙들고 있기로 결정했다. 왜냐하면 변증법은 자유나 국경 같은 복잡한 개념들을 이해할 수 있는, 그리고 이러한 개념들과 연관된 문제적 실천에 주목하는 해결책을 발전시킬 수 있는 비판적이고 과학적인 도구이기 때문이다. 이 책에서 나의 주장을 전개할 때 중요하게 다루어지는 것이 바로 변증법이기 때문에 변증법은 이 책을 관통하는 공통된 줄기로 짜인다.

변증법적 사고의 핵심 아이디어는 세상이 모순으로 가득 차 있고, 이러한 모순을 불편하다고 치워버리는 것이 아니라 정면으로 마주하여 극복해야 한다는 것이다. 하비(Harvey, 2014, 203)는 변증법적 개념으로서의 자유가 "굉장한 모순"을 상징하고 있다고 말했다. 근본적인 모순은 "자유와 지배는 함께 굴러간다는 점이다. 자유를 논할 때는 어떤 방식으로든 통치와 관련된 어두운 기술(arts)에 대해서는 다룰 필요가 없다는 식의 그런 논리는 성립하지 않는다". 통치는 강제로 발생할 수 있다. 고대에는 전쟁에서 패배한 적들을 강제로 노예화시켰고, 그래서 승자들은 노동으로부터 자유를 누릴 수 있었다. 오늘날 더 가능성이 높은 시나리오는 "이념적 조작"을 통해 통치가 실행되는 것이다(2014, 204). 이러한 맥락에서, 자유와 통치가 사람들에게 비대칭적으로 분배되는 것은, 사회적 동의라는 미명하에, 혹은 이른바 시장의 자연적인 힘에 의해 정당화된다. 하비는 다음과 같이 결론짓는다. "확실히 자유의 의미 그 자체가 딜레마의 근원이다. 채택된 정치가 어떤 것이든 상관없이 자유와 통치의 모순적인 결합을 피하는 것은 불가능하다"(2014, 206). 변증법적 접근은 우리로 하여금 자유와 '경계' 개념들에 내포된 모순을 직시할 수 있도록 해 준다.

변증법적 접근법은 또한 이주의 자유를 침해하고 있는 오늘날의 문제적 국경 관행을 해결하기 위해 어떤 방법을 모색할 수 있을지를 생각해 보는 데 유용하다. 우리가 여행을 계획할 때 산악 지형을 가로지르는 경로를 선택하거나 바다 전망을 볼 수 있는 곳을 선택할 수 있는 것처럼, 다양한 방식의 자유와 소속감과 공존을 강조하며 미래를 향해 나아가는 과정을 구상해 볼 수 있다. 더욱이 우리는 이웃 마을에서 끝나거나, 혹은 우리가 볼 수 없는 산맥이나 바다 너머 먼 곳의 미지의 지점에서 끝나는 여행을 시작할 수 있다. 마찬가지로 우리의 상상력은 실용적이고 실현 가능한 대안은 물론이고, 아직 파악할 수 없는 먼 미래에 초점을 맞출 수도 있다.

우리 인류가 이주의 자유를 실현할 수 있는 미래지향적 방법을 숙고하는 것이 이 책의 중요한 목적이다. 하비(Harvey, 1972, 11)는 35년 전 지리학 분야의 연구자들에게 "보다 인간다워질 수 있는 변화를 불러일으킬 과정에 적용할 수 있는 개념과 범주, 그리고 이론과 주장을 만들어 보자"라고 제안했다. 하비를 위시하여 아도르노(Theodor W. Adorno), 블로흐(Ernst Bloch), 르페브르(Henri Lefebvre) 같은 학자들의 연구를 바탕으로, 나는 실용적이고 실현 가능한 것에서부터 아련하게 그려지는 유토피아에 이르기까지 다양한 가능성을 탐구하고자 한다. 한편에는 사람들이 국경을 넘어 자유롭게 이주하고 그들이 도착한 지역 사회에 속하는 것이 허용되는, 가능성이 높은 대안들이 존재한다. 다른 한편에는, 이러한 자유가 펼쳐질 수 있는 맥락이 아직 형성되어 있지 않기 때문에 우리의 상상의 범위를 벗어난, 다소 멀리 놓여 있는 대안들도 존재한다. 아도르노의 작업과 관련하여 마르쿠스 하웰(Marcus Hawel, 2006, 105)은 "해방된 사회라는 관념은 필연적으로 부정적인 유토피아"라고 설명한다. 그것은 현재의 시점에서 그려볼 수 있는 조건이 아니다. 오히려 자유는 현재의 사회적, 정치적 관행이 비(非)자유(unfreedom)를 만들어 내는 조건에 관여하고 이를 바꾸어 나갈 때만이 비로소 나타나게 되는 것이다.

학술토론이나 대중토론에서 유토피아적 상상은 거의 논의되지 않고 있다. 한때 그런 상상은 미래지향적 정치나 활동, 그리고 학술 연구 등에서 단골 상품으로 다루어졌고, 실무자들이 이를 실천으로 옮기도록 영감을 주기도 했다. 예를 들어, 사람들이 자연과 조화를 이루며 살 수 있는 방식을 제시해 주면, 이에 영감을 얻은 도시계획가들은 공원과 녹지 공간을 조성하였다. 불행히도 유토피아는 소련식 사회주의와 이를 더욱 크게 그려 낸 공산주의와도 연관이 되었다. 소련의 몰락과 함께 유토피아는 사람들을 해방시키기보다는 오히려 노예화하는 데 공헌한 관념으로 전락해 버렸다. 나는 대안적 세계를 추구하는 웅장한 비전으로서의 유토피아를 거부해야 한다는 생각을 어느 정도 가지고 있다. 그럼에도 불구하고 우리 모두가 이주의 자유를 갖게 되는 그런 세상을 만들 수 있는 유토피아적 가능성은 여전히 남아 있다는 생각도 하고 있다.

유토피아적 가능성은 사람들이 이주의 자유를 누리지 못할 때 특히 중요하다. 프랑스의 미등록이주자(sans-papiers)의 맥락이나 이주자를 범죄인 취급하는 또 다른 상황 속에서, 사회학자 부르디외(Pierre Bourdieu)는 노벨 문학상 수상자인 권터 그라스(Gunter Grass)와의 대화 시간에 "(사람들로 하여금) 유토피아적 가능성에 대한 감각을 복원할 책무가 동료 지식인들에게 있으며, 따라서 그러한 책무를 다할 것을 요청한 바 있다"(Grass and Bourdieu, 2002, 66). 이는 사람들의 자유와 해방을 거부하는 이 시대의 조건들에 도전하는 것이다. 필자는 이 책을 통해 이러한 요청에 응답하고자 한다.

## 책의 구조와 맥락

이 책은 2부로 구성되어 있으며, 각 부에는 세 개의 장이 포함되어 있다. 1부에서는 사람들이 국경과 이주를 어떤 현실 속에서 어떤 방식으로 이해하는지에 대한 여러 해석들을 보여 주고 있다. 2부에서는 현재의 상황을 뛰어넘는 가능성 있는 해결책을 기술하고 있다. 즉, 이 책의 논의는 국경, 이주, 자유 등에 대한 규범적 논의에 머무르지 않고 그 이상을 다루고 있다.

이 책의 두 부분이 각각 독특한 주제에 대해 다루고 있음을 유념하기 바란다. 1부에서는 국경을 넘는 이주에 초점을 맞추고 있으며, 2부에서는 시민권과 소속감을 강조하고 있다. 각 부의 하위 장들도 세부 주제들을 분리하여 논의를 전개하고 있지만, "이동의 자유와 거주의 자유는 필연적으로 연결되어 있다"(Loyd et al., 2012b, 10)는 점을 상기하기 바란다. 즉, 이 책의 핵심적 요점은 이주의 자유가 체류 및 소속의 권리에 대한 논의와 분리될 수 없다는 것이다.

이 책은 국경과 이주, 그리고 소속에 관한 주제로 지난 25년 동안 출간된 훌륭한 연구서들을 뒤따르고 있다. 국경과 시민권이 글로벌화와 이주와 관련하여 어떻게 인구를 규제해 왔는지에 대해서는 그동안 참신한 연구들이 이어져 왔다(예를 들어, Baubock, 1994; Mau et al., 2012). 또한 국경을 넘나드는 이동성의 경제적, 사회적, 윤리적 의미를 탐구한 연구들도 이어져 왔다(Pecoud and de Guchteneire, 2007; Schwartz, 1995; Barry and Goodin, 1992; Ghosh, 2000a). 이 중 많은 연구서가 오늘날 우리가 알고 있는 국민 국가가 사라지지 않고 계속 이어지고 있다는 점을 전제하고 있으며, 이러한 전제를 깔고 이론적인 것에서 경험적인 것까지를 아우르는, 그리고 철학적인 것에서 정치, 경제적인 것에 이르기까지 다양한 관점에서 이주의 결과들을 다루고 있다. 그런 연구서들은 대체로 오늘날의 국경 및 이주 관행으로 인해 발생하는 문제를 해결하기 위해 다각적인 접근이 필요하다고 결론짓고 있다. 가령, 국제이주 기구(International Organization for Migration)의 선임 자문위원인 비말 고시(Bimal Ghosh, 2000b, 25)는 완전히 봉쇄된 위치와 완전히 개방된 국경 사이 어딘가에 놓인 타협적 해결책으로서 "규제된 개방성"을 지지한다.

이 책은 또한 지난 수십 년 동안 이루어진 비판적 국경 연구 분야의 내용들과 비판적 이론의 렌즈를 이주 연구에 적용한 다른 학문 분야의 내용들로부터 영감을 받았다(Albert et al., 2001; van Houtum et al., 2005). 그러한 연구의 저자들은 예를 들어, 이주자들의 수감, 구금, 추방(Loyd et al., 2012a; De Genova and Peutz, 2010), 또는 생득적 시민권과 재산 소유권(Stevens, 2010) 같은 기존의 정치와 관행을 광범위하게 비판했다. 그들은 또한 이주자의 자율성과 정치적 행동 능력을 인정하고(Mudu & Chattopadhyay, 2016), 이주자와 시민, 포함과 배제, "우리와 그들"(Anderson, 2013) 사이의 이분법적 구분에 이의를 제기했다. 이러한 연구 흐름은 대체로 국경 및 이주와 관련된 오늘날의 문제를 해결하는 데 근본적으로 사회적, 정치적 변화가 필요하다고 결론 내리고 있다.

이 책은 선행연구들이 제시해 놓은 여러 다양한 관점들을 연결하고 있다. 그러나 그것들을 절충하여 해결책을 내놓거나 가장 기초적인 수준의 공통분모를 찾는 대신 경계, 이동성, 소속의 주제를 연결하면서 동시에 실용적인 해결책과 광범위한 영감이 지닌 가치를 확인할 수 있도록 도와주는 변증법적 접근 방식을 따르고 있다. 이런 식으로 이 책은 점점 더 증가하고 있는 국경, 이동성, 소속에 대한 비판적 연구 흐름에 신선한 관점을 제공함으로써 인간 해방을 향한 여정의 궁극적 목표에 다가가고자 한다.

**참고문헌**

Albert, Mathias, David Jacobson, and Yosef Lapid, eds. 2001. *Identities, Borders, Orders: Rethinking International Relations Theory*. Minneapolis, MN: University of Minnesota Press.

Anderson, Bridget. 2013. *Us and Them? The Dangerous Politics of Immigration Control*. Oxford: Oxford University Press.

Arendt, Hannah. 1960. "Freedom and Politics: A Lecture." *Chicago Review* 14(1): 28-46.

Arendt, Hannah. 1968. *Men in Dark Times*. San Diego, CA: Harvest Books.

Barry, Brian and Robert E. Goodin. 1992. *Free Movement: Ethical Considerations in the Transnational Migration of People and of Money*. New York: HarvesterWheatsheaf.

Bauböck, Rainer. 1994. *Transnational Citizenship: Membership and Rights in International Migration*. Aldershot: Edward Elgar.

Beech, Hannah and Wang Kelian. 2015. "Rohingya Survivors Speak of Their Ordeals as 139 Suspected Graves Are Found in Malaysia." *Time*, May 26. Accessed January 7, 2016. http://time.com/3895816/malaysia-hu man-trafficking-graves-rohingya/.

Border Crossing Observatory. 2016. "Australian Border Deaths Database. Monash University." Accessed January 5, 2016. http://artsonline.monash.edu.au/theborder crossingobservatory/publications/australian-border-deaths-database/.

Brian, Tara and Frank Laczko, eds. 2014. *Fatal Journeys Tracking Lives Lost during Migration*. Geneva: International Organization for Migration.

Brown, Louise. 2015. "Sheldon Levy leaving Ryerson, and Toronto, a Changed Place." *Toronto Star*, February 20. Accessed January 2, 2016. http://www.thestar.com/news/insight/2015/02/20/sheldon-levy-leaving-ryer son-and-toronto-a-changed-place.html.

Carens, Joseph. 1995. "Immigration, Welfare, and Justice." In *Justice in Immigration*, edited by Warren F. Schwartz, 1-17. Cambridge: Cambridge University Press.

Davis, Mark and Peter Cronau. 2015. "Migrant Crisis: Rohingya Refugees Buried in Mass Graves near Thailand Authorities, Survivor Says." ABC *News*, June 23. Accessed January 7, 2016. http://www.abc.net.au/news/2015-06-22/rohingyas-secret-graves-of-asias-forgotten-refugees/6561896.

De Genova, Nicholas and Nathalie Peutz, eds. 2010. *The Deportation Regime: Sovereignty, Space, and the Freedom of Movement*. Durham, NC: Duke University Press.

Foucault, Michel. 2002. "The Subject and Power." In *Power, Essential Works of Foucault 1954-1984, Volume 3*, edited by James D. Faubion, 326-348. London: Penguin.

Foucault, Michel. 2007. *Security, Territory, Population: Lectures at the Collège de France*, edited by Michel Senellart, translated by Grahma Burchell. New York: Picador.

Ghosh, Bimal, ed. 2000a. *Managing Migration: Time for a New International Regime*. Oxford: Oxford University Press.

Ghosh, Bimal. 2000b. "Towards a New International Regime for Orderly Movements of People." In *Managing Migration: Time for a New International Regime*, edited by Bimal Gosh, 6-26. Oxford: Oxford University Press.

Grass, Günter and Pierre Bourdieu. 2002. "Dialogue: The 'Progressive' Restoration." New Left Review 14: 76-77.

Harvey, David. 1972. "Revolutionary and Counter Revolutionary Theory in Geography and the Problem of Ghetto Formation." *Antipode* 4(2): 1-13.

Harvey, David. 2005. *A Brief History of Neoliberalism*. Oxford: Oxford University Press.

Harvey, David. 2009. *Cosmopolitanism and the Geographies of Freedom*. New York: Columbia University Press.

Harvey, David. 2014. *Seventeen Contradictions and the End of Capitalism*. Oxford: Oxford University Press.

Hawel, Marcus. 2006. "Negative Kritik und bestimmte Negation: Zur praktischen Seite der kritischen Theorie." In *Aufschrei der Utopie: Möglichkeiten einer anderen Welt*, edited by Marcus Hawel und Gregor Kritidis, 98-116. Hannover: Offizin-Verlag.

Hennessy-Fiske, Molly. 2013. "Effort to ID Immigrants' Corpses Is Gratifying—and Sad." *Los Angeles Times*, November 1. Accessed January 4, 2016. http://www.latimes.com/nation/la-na-c1-baylor-bones-20131101-dto-htmlstory.html.

Hussan, Syed Khalid. 2013. "Epilogue." In *Undoing Border Imperialism*, Harsha Walia, 277-281. Oakland, CA: Ak Press.

Loyd, Jenna M., Matt Michelson, and Andrew Burridge, eds. 2012a. *Beyond Walls and Cages: Prisons, Borders, and Global Crisis*. Athens, GA: University of Georgia Press.

Loyd, Jenna M., Matt Michelson, and Andrew Burridge. 2012b. "Introduction." In *Beyond Walls and Cages: Prisons, Borders, and Global Crisis*, edited by Jenna M. Loyd, Matt Michelson, and Andrew Burridge, 1-15. Athens, GA: University of Georgia Press.

Marcuse, Herbert. 1964. One-Dimensional Man: Studies in the Ideology of Advanced Industrial Society. Boston, MA: Beacon Press.

Mau, Steffen, Heike Brabandt, Lena Laube, and Christof Roos. 2012. *Liberal States and the Freedom of Movement: Selective Borders, Unequal Mobility*. Basingstoke: Palgrave Macmillan.

The Migrants' Files. 2016. "The Human and Financial Cost of 15 Years of Fortress Europe." Accessed January 4, 2016. www.themigrantsfiles.com.

Mudu, Pierpaolo and Sutapa Chattopadhyay. 2016. *Migrations, Squatting and Radical Autonomy*. London: Routledge.

NPR. 2015. "Rohingya Migrants Left out at Sea, No Country Will Allow Them Ashore." Last modified May 20. Accessed January 7, 2016. http://www.npr.org/2015/05/18/407619687/rohingya-migrants-left-out-at-sea-no-country-will-allow-them-ashore.

Ohmae, Kenichi. 1991. *The Borderless World: Power and Strategy in the Interlinked Economy*. London: Fontana.

Ohmae, Kenichi. 1995. The End of the Nation State: The Rise of Regional Economies. London: HarperCollins.

Pécoud, Antoine and Paul de Guchteneire, eds. 2007. *Migration without Borders: Essays on the Free Movement of People*. New York: Berghahn Books.

Pickering, Sharon and Brandy Cochrane. 2012. "Irregular Border-Crossings Deaths and Gender: Where, How and Why Women Die Crossing Borders." *Theoretical Criminology* 17(1): 27-48.

Sassen, Saskia. 2008. *Territory, Authority, Rights: From Medieval to Global Assemblages*, updated edition. Princeton, NJ: Princeton University Press.

Schwartz, Warren F., ed. 1995. *Justice in Immigration*. Cambridge: Cambridge University Press.

Stevens, Jacqueline. 2010. States without Nations: Citizenship for Mortals. New York: Columbia University Press.

Torpey, John. 2000. *The Invention of the Passport: Surveillance, Citizenship and the State*. Cambridge: Cambridge University Press.

Tsianos, Vassilis and Serhat Karakayali. 2010. "Transnational Migration and the Emergence of the European Border Regime: An Ethnographic Analysis." *European Journal of Social Theory* 13(3): 373-387.

van Houtum, Henk, Olivier Kramsch, and Wolfgang Zierhofer, eds. 2005. *Bordering Space*. Farnham: Ashgate.

Walia, Harsha. 2013. *Undoing Border Imperialism*. Oakland, CA: AK Press.

# 제1부

# 진단

철학이 자신의 회색을 회색으로 덧칠할 때 이미 생의 형태는 늙어 버린 후이며, 회색으로 덧칠한다고 생의 모습이 다시 젊어지는 것은 아니고 단지 인식될 뿐이다. 미네르바의 부엉이는 황혼이 깃들 무렵에야 비로소 날갯짓을 시작한다.

(Georg Wilhelm Friedrich Hegel, 1970 [1820], 59-60)

철학자들은 다양한 방식으로 세계를 해석해 왔을 뿐이다. 그러나 핵심은 세상을 바꾸는 데에 있다.

(Karl Marx, 1964 [1845])

전 세계 인구의 대다수는 국경에서 이주의 자유가 억제된다. 1부에서는 수많은 이주자들에게 때론 치명적인 문제를 일으키는 경계 관행을 진단한다. 먼저 경계의 개념을 문제시하는 것에서부터 시작한다. 2장에서는 국경이라는 단일한 개념이 이것이 수행하는 특정한 목적에 따라 어떻게 상이하게 이해될 수 있는지를 보여 준다. 이뿐만 아니라 책의 나머지 장들의 논조(tone)를 여러 방식으로 설정하고 있다. 첫째, 경계와 같은 개념들은 단일하고 보편적인 의미를 갖지 않으며, 우리가 단일한 의미를 발견할 수 있다는 생각을 버려야 한다는 것을 보여 준다. 둘째, 맥락의 중요성을 보여 준다. 사람들이 경계를 경험하는 상황에 따라, 개념의 의미는 달라진다는 것이다. 셋째, 독자들에게 변증법적 사고를 소개한다. 이러한 사고방식은 우리가 세상을 이해하는 방식과 세속적인 맥락들을 연결시켜 준다. 이는 또한 서로 다른 이해들이 유발하는 모순들을 해결할 수 있게 해 준다.

3장에서도 변증법적 접근은 이어진다. 이 장에서는 개방국경(open borders)을 옹호하는 사람들이 모든 사람들을 위한 이주의 자유를 주장하기 위해 어떻게 복수의, 때로는 모순적인 철학적 입장을 취했는지 보여 준다. 옹호론자들은 매우 다양한 이유로 개방국경을 주장한다. 여러 이유가 있음에도 불구하고, 개방국경에 대한 요구들이 단일한 틀로 강제될 수 없다는 사실은 개방국경으로 나아가는 길이 직선의 고속도로가 아니라 비틀어지고 예상치 못한 분기점들이 있는 구불구불한 도로라는 점을 의미한다.

1부의 마지막 장인 4장에서는 우리가 어떻게 이주의 자유가 있는 세계를 상상할 수 있을지 탐색한다. 현재의 국경 관행에 대한 많은 비판이 있지만, 국가 간 경계(international borders)를 넘나드는 제약 없는 이주가 가능한 세계에 대한 구체적인 비전은 거의 없다. 이 장에서 나는 자유이주 세계의 두 가지 가능성을 구별한다. 하나는 국가 간 경계가 계속 존재하지만 이것이 개방되어 있다고 가정하는 것이고, 다른 하나는 보다 관념적인 무국경(no-border) 프로젝트로서, 국경은 어느 순간에는 다른 사회 및 정치 체제로 대체될 역사 속 특정 순간(snap-shot)일 뿐이라고 가정하는 것이다.

1부의 세 장은 국경이 각각 다른 맥락에서 어떻게 구상되는지를 평가하는 것에서 자유 이주의 다양한 관점을 검토하는 방향으로 나아가고, 마지막으로 이주의 자유를 가능케 하는 시나리오들과 관련된 다양한 사고방식을 탐구한다. 따라서 여기서는 기존의 조건과 관행들을 되짚어보고 미래의 가능성을 내다보는 것으로 나아간다. 이는 19세기 변증법적 사고의 거장 게오르그 헤겔과 칼 마르크스가 이루어 낸 발전을 반영한다. 헤겔의 미네르바의 올빼미는 사건이 발생한 후 해질녘이 되어서야 지혜를 얻었지만, 이후 마르크스는 메모지에 포이어바흐에 관한 논문을 끼적이면서 학문에는 미래를 비추는 역할이 있음을 깨달았다.

### 참고문헌

Hegel, Georg W. F. 1970 [1820]. *Grundlinien der Philosophie des Rechts oder Naturrecht und Staatswissenschaft im Grundrisse* [Contours of the philosophy of right or natural right]. Stuttgart: Reclam.

Marx, Karl. 1964 [1845]. "Thesen über Feuerbach" [Theses on Feuerbach]. *Marx-Engels Werke*. Band 3. Berlin: Dietz Verlag. Accessed February 2, 2006. www.mlwerke.de.

2장

# 경계에 대한 다양한 관점들

경계짓기(Borderwork)는 사람들이 점점 더 통제할 수 없는 어떤 것이다.

(Chris Rumford, 2008, 10)

경계는 이주와 관련된 논쟁의 핵심 개념이다. 이것은 매우 모호한 개념이기도 하다. 이 책을 완성하는 동안 경계와 이주는 세계뉴스에서 중요한 주제로 다뤄졌다. 『뉴욕 타임스』와 『가디언』에 게재된 몇 가지 기사들은 이주의 맥락에서 경계를 다룰 때 뉴스가 접근하는 다양한 관점들을 보여 준다. 이러한 기사들은 경계가 자유를 구속한다는 것을 보여주지만, 누구의 자유를 구속하고 있는지는 명확하지 않다.

2015년을 관통하는 가장 큰 주제는 유럽의 난민 '위기'였다. 그해 여름과 가을 "유럽 전역에서는 제2차 세계대전 이래로 가장 많은 사람의 이동"을 목도했다(Surk and Lyman, 2015). 이 위기는 이른바 발칸 루트를

택해 중부 유럽에 도달하는 이주자들이 늘어나면서 시작됐다. 10월 27일, 『뉴욕 타임스』는 새롭게 발발한 시리아 내전과 국경 폐쇄에 대한 두려움으로 인해 더 많은 사람들이 이 위험한 집단 이주에 내몰리고 있다고 보도했다.

> 현재 가장 결정적인 위기가 발생하고 있는 곳은 아드리아해의 작은 산악 국가인 슬로베니아의 남쪽 국경인 것으로 보인다. 이곳은 지난 10월 16일 헝가리가 크로아티아 쪽 국경을 폐쇄한 이후 유럽으로 이주하는 관문이 되었다.
>
> …
>
> 정부 관계자는 지난 열흘간 83,600명의 이주자가 슬로베니아로 건너갔고, 57,981명은 슬로베니아에서 오스트리아로 건너갔으며, 14,000명은 정부수용소에서 대기하고 있다고 밝혔다.
>
> (Surk and Lyman, 2015)

지친 난민들이 원하는 목적지로 가는 도중 국경에서 제지당하자, 일부는 참을성을 잃고 폭력적인 모습을 보이기까지 했다. 슬로베니아 내무부의 한 관계자는 "이들은 단지 (국경을) 넘어가고 싶어 할 뿐이며, 제지당할 경우 초조해지고 극도로 비참한 기분을 느끼기 때문에 그런 사건들이 발생하는 것이다"라고 폭력 행위를 설명했다(Surk and Lyman, 2015). 난민들은 국경이 그들을 안전하게 해 주고 가난과 절망에서 벗어나 삶의 가능성을 제시하였기 때문에 국경을 넘고 싶어 했다. 그러나 국경이 중부 유럽에 들어온 난민들에게 늘 안전과 희망의 약속을 지킨 것은 아니었다. 2015년 11월 13일, 테러리스트들이 유럽의 중심부인 파리를 공격해 130명이 사망했다. 『뉴욕 타임스』는 사건 직후 오스트리아에 정착하기 위해 아프가니스탄을 탈출한 한 난민에 대해 보도했다. 그는 파리 테러에 대한 소식을 듣고 울음을 터뜨렸다. 그는 "아프가니스탄에서도 일어나고 있던 일이었어요"라고 말했다. 그는 아프가니스탄에서 비행기를 타고 오면서 이런 종류의 테러로부터 벗어나길 희망했었다. 그는 『뉴욕 타임스』와의 인터뷰에서 "나는 안전하기를 바랍니다…. 하지만 여기에서도 이런 일이 일어난다면, 나는 어디로 가야 하나요? 바로 지금, 저는 제 미래에 대해 생각하면서 겁에 질려 있습니다"라고 말했다(Smale and Bradley, 2015).

시리아인, 이라크인, 아프가니스탄인들이 그들의 삶과 생계를 위해 국경을 넘는 동안, 정부는 난민들이 초래하는 것으로 추정되는 위협으로부터 국가를 보호하려고 한다. 특히 파리에 대한 공격은 서방 국가들로 하여금 난민들 가운데 테러리스트들이 섞여 있을 것이라는 우려를 불러일으켰다. 『뉴욕 타임스』는 파리 테러가 발생한 지 사흘 만에 미국 국경 순찰 요원들이 애리조나주 투손(Tucson) 남쪽의 국경을 넘으려던 "파키스탄인 5명, 아프가니스탄인 1명"을 체포했다고 보도했다. 하루 뒤에는 "8명의 시리아인, 이들 중 2명의 여성과 4명의 어린이는 두 집안 구성원들로, [텍사스] 러레이도(Laredo) 당국에 모습을 드러내고 미국에 보호를 요청했다". 이러한 사건들은 미국 연방의원들 사이에서 "시리아 내전과 여타 분쟁에서 도망치는 사람들 속에 이슬람 무장 세력이 숨어있을 수 있다(Pérez-Peña, 2015)"는 두려움을 촉발시켰다. 그 결과 입법자들은 11월 19일 시리아와 이란에서 온 난민들의 입국을 중단시키기 위해서 투표를 했다.

2015년 여름, 언뜻 보면 관련 없어 보이는 사건인 국제축구연맹(FIFA)

의 비리 의혹을 둘러싼 스캔들이 대서특필되었다. 그러나 이러한 의혹에 대한 수사는 『뉴욕 타임스』가 2022년 카타르 월드컵을 위한 경기장과 인프라 시설을 짓던 이주 노동자들의 노동 조건에 주목하도록 했다(Meier, 2015). 2년 전, 『가디언』은 네팔에서 온 이주 노동자들이 "하루에 거의 1명꼴로 사망했다"고 설명하면서 카타르의 노동 조건을 현대판 노예제에 비유했다. 『가디언』은 자체 조사로 카타르에서 일하는 네팔 이주자 중 상당수가 "국제노동기구(ILO)가 규정한 현대판 노예제에 해당하는 수준의 착취와 학대를 경험한다는 사실"을 시사하는 증거들이 공개됐다(Pattison, 2013). 『가디언』은 네팔 노동자들이 카타르에서 직업을 알선했던 모집인들에게 거액의 빚을 지고 있다고 설명했다. 『가디언』은 "임금 미지급, 서류 몰수, 노동자의 근무지 이탈 불가에 더해 빚을 갚아야 할 의무가 현대판 노예제의 한 형태인 강제 노동에 해당된다"라고 주장했다(Pattisson, 2013).

이주와 노동정책 및 정책의 시행(혹은 부재)은 카타르에게 필요한 외국인 노동력을 착취할 수 있도록 만들었다. 이렇듯 카타르는 2022년 FIFA 월드컵과 같은 대규모 건설 프로젝트의 노동 수요를 충족시키고 국가 경제를 관리하는 방식으로 국경을 활용한다. 똑같은 국경을 넘더라도, 노동자들에게 이는 현대판 노예제하에서의 삶이 시작되는 것과 같다.

일반적으로 국경은 자유를 구속한다. 하지만 앞선 사례에서도 알 수 있듯이 국경이 정확히 누구의 자유를 제한하는지는 불분명하다. 전쟁으로부터 스스로의 안전을 보장하고 절망적이지 않은 삶을 시작할 수 있는 사람들의 자유인가? 인지된 위협들로부터 스스로를 보호하기 위한 국민 국가의 자유인가? 생산 요소인 노동력을 가장 효과적으로 사용할 수 있는 고용주들의 자유인가? 유명 스포츠 행사를 개최하는 군주국의 의 자유인가? 아니면 공정한 임금을 받고 인간으로 대우받을 노동자들의 자유인가?

간단히 말해, 국경이 발휘하는 효과를 요약할 만한 보편적인 관점은 없다. 이 장에서는 경계의 다차원적 특성을 살펴볼 것이다. 비판적 경계 연구자들(예를 들어, Johnson et al, 2011; Wastl-Walter, 2011) 중에서도 지리학자 데이비드 뉴먼(David Newman)과 안시 파시(Anssi Paasi)는 경계와 같은 모호한 개념이 다양한 관점에서 접근될 수 있으며, "경계"란 한 사람이 상정하는 상황에 따라 다른 의미를 갖는다는 것을 깨달았다. 철학자 에티엔 발리바르(Étienne Balibar)는 경계란 본질적으로 **다중적인 의미**를 갖는 용어이며, 이는 곧 "경계가 모든 사람에게 동일한 의미를 갖지 않는다"는 것을 의미한다고 말했다(2002, 81). 교수나 기업 경영자들에게 있어서 국경은 새로운 과학적 발견에 대해 배울 수 있는 기회 또는 새로운 국가 상품 시장으로 진출할 수 있는 기회를 의미할 수도 있는 반면, 비자나 취업 허가를 받지 못한 청년 실업자 및 구직자들은 자신들의 삶을 향상시키기 위해 넘어가야 하는 장벽으로 국경을 경험하기도 한다.

학자들은 경계 개념이 다중적인 차원(또는 측면)을 포함하고 있다는 데는 동의하지만, 얼마나 많은 차원이 있는지에 대한 합의는 거의 이루어지지 않았다. 지리학자 헤더 니콜(Heather Nicol)과 줄리안 밍기(Julian Minghi)와 같은 학자들은 "경계를 이해하는 매우 다른 두 가지 방식"을 구분한다. 다른 학자들은 경계를 두 개의 차원 이상의 것으로 인식한다. 경계에 대해 정치학자 말콤 앤더슨(Malcom Anderson, 1996, 2-3)은 "네 가지 차원"을, 정치경제학자 엠마누엘 브루넷-제일리(Emmanuel Brunet-Jailly, 2005, 645)는 네 개의 다른 분석적 "렌즈"를, 사회학자 롭 실즈(Rob Shields)(2006)는 "경계의 네 가지 존재론"을 제안했다. 비록 이들은 서로 다른 용어를 사용하긴 했지만, 유사한 현상을 설명하고 있다. 즉, 경계가 여러 가지 차원과 의미를 포함할 수 있다는 것이다. 누군가는 경계의 얼마나 많은 측면들이 경험적으로 검증될 수 있는지 질문을 던질 수 있을 것이다. 하지만 경계의 측면들을 세고 목록화하는 것은 나의 관심사나 이 장의 의도가 아니다. 오히려 나는 다음과 같은 질문을 던진다. 경계의 다차원적인 특징에 비추어 볼 때, 우리는 어떻게 경계 개념에 관여할 것인가?

그러한 일반적인 접근방법을 향한 진입점으로, 사람들이 마음속에 그리는 경계의 다양한 의미들이 이들이 경계를 사용하고 경험하는 세속적인 방식들과 어떤 관련이 있는지 탐구해 보고자 한다. 국경이란 전쟁을 피해 도망치는 시리아인 가족에게 안전 그리고 더 나은 삶을 위한 관문을 의미하며, 국가를 수호할 권한을 지닌 국회의원에게는 국가 안보에 위협이 되는 곳이다. 이러한 접근 방식은 기존의 비판적 경계 연구를 기반으로 한다(van Houtum et al., 2005). 발리바르(2002, 75)에 따르면, 경계에 "본질"은 없다. 즉, 경계에는 균일한 의미도 없고 인간의 해석과는 무관한 객관적인 특성도 없다. 모든 것을 아우르는 방식으로 인해 세계는 "객관적으로" 관찰될 수 있다고 가정하는 아르키메데스식 관점의 가설은 존재하지 않는다. 따라서 경계와 같은 개념에 대한 권위 있는 지식을 생산하는 것은 불가능하다(Haraway, 1991; Rose, 1997). 오히려 경계의 여러 의미들은 다양한 상황, 실천, 경험들에 근거를 두고 있다. 이는 또한 경계의 상이한 의미들이 항상 맥락-특수적이고 부분적이며 불완전하다는 것을 의미한다. 이 장에서는 다양한 상황, 실천, 경험들이 어떻게 경계의 여러 가지 의미들을 만들어 내는지에 대해 논의하고자 한다.

이 장에서는 이전 장에서 논의한 변증법 개념을 보다 깊이 탐구할 기회가 있기 때문에, 나는 특별히 독자들에게 경계와 이주에 대해 변증법적으로 사유하길 요청하고자 한다. 변증법적 사고를 경계 개념에 적용하는 방식은 서구 사상에서 변증법과 관련된 오랜 계보에 기여했던 게오르그 헤겔(예: 2005 [1807])과 후속 연구자들의 연구를 활용한다. 이러한 연구들은 개념이란 불안정한 측면이 있으며 따라서 개념이 내재한 모순을 근거로 지속적으로 재고되어야 한다는 것을 보여 준다. 이러한 '변증법적 운동(dialectical movement)'은 특히 경계 개념에 적용될 수 있다.

또한 변증법적 사고는 우리가 경계를 단순히 세속적인 것이나 순수한 사상의 산물로만 다루지 않는다는 점을 내포한다. 오히려 사람들은 특정한 방법으로 경계를 이용하거나, 경계를 넘어 이주하거나, 또는 관통할 수 없는 장벽으로 경험함으로써 우리가 경계에 부여하는 의미들을 만들어 낸다. 즉 이주자, 활동가, 정책 입안자, 학자들은 수동적인 방관자라기보다는 적극적으로 경계에 의미를 부여하는 참여자라 할 수 있다.

## 경계란 무엇인가?

나는 경계의 여러 의미들을 설명하기 위해 '측면(aspect)'이라는 용어를 사용할 것이다. 이 용어는 경계와 같은 개념의 의미들이 관찰자의 경험과 관찰자가 특정한 상황에 위치한 방식에 따라 달라진다는 점을 보여 준다. 즉 학회에 가는 교수와 해외에서 일자리를 찾고자 하는 실업자는 경계의 서로 다른 측면을 경험하게 된다. 나는 이전의 연구에서 루트비히 비트겐슈타인(Ludwig Wittgenstein)이 "측면"이라는 용어를 사용하는 방식이 헤겔의 변증법과 어떻게 연결될 수 있는지에 대해 자세하게 설명한 바 있다(Bauder, 2011). 여기서 이 철학적 복잡성에 대한 논의들은 내가 설명하고자 하는 경계와 이주와 관련된 주요 메시지로부터 주의를 분산시킬 것이라고 판단했기 때문에 따로 언급하지 않고 넘어가고자 한다.

앞의 사례에서도 알 수 있듯이 언론이든 비판적 경계 연구자든 경계의 여러 측면들을 다루는 데 아무런 문제가 없는 것처럼 보인다. 다음 논의에서 나는 특정한 세속적인 상황, 경험, 실천의 기초를 둔 경계의 측면들에 대해 설명하고자 한다. 경계의 측면들에 대한 나의 논의는 결코 경계의 모든 측면에 대한 완전한 목록을 제시하는 것이 아니다. 오히려 이는 경계의 다양한 용도와 경험들이 어떻게 다른 의미들을 생산해내는지를 보여 준다.

## 선으로서의 경계

첫 번째 측면은 경계를 데카르트 공간상의 선으로 재현한다. 이는 지도에서 국가를 나타내는 선을 그리는 지도제작자가 바라보는 경계다. 그림 2.1은 경계의 이러한 측면을 나미비아와 이웃한 앙골라, 잠비아, 보츠와나, 남아프리카 공화국을 분리하는 선으로 묘사하고 있다. 국경선은 서쪽으로는 대서양 연안을 따라 이어지며, 북쪽으로는 쿠네네(Ku-

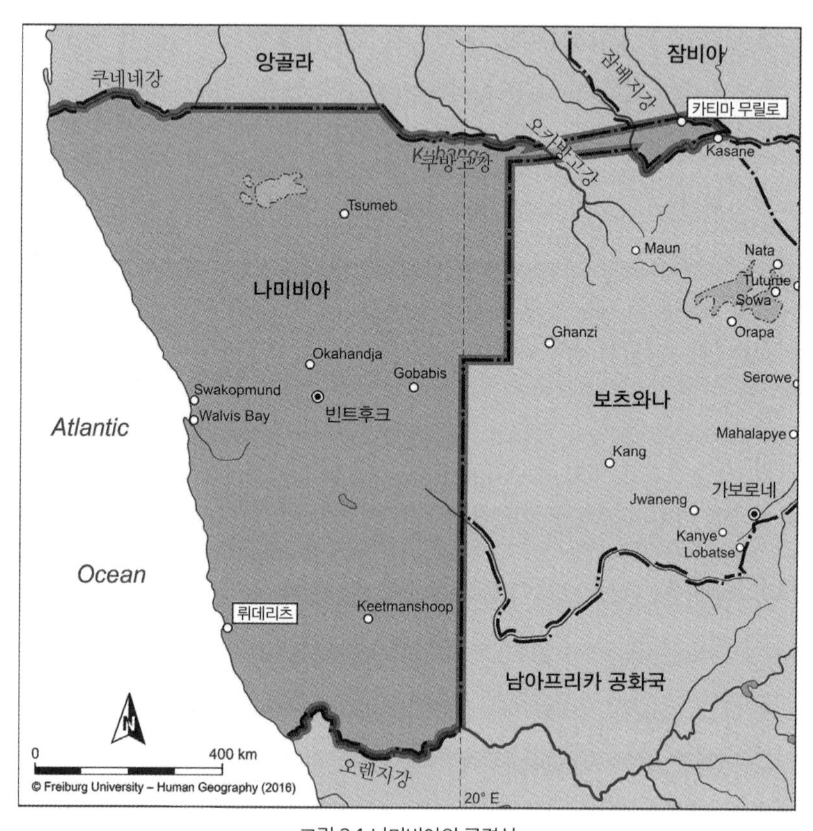


그림 2.1 나미비아의 국경선

지도 제작: 비르지트 가이다(Birgitt Gaida)

nene)강, 오카방고(Okavango)강, 잠베지(Zambesi)강, 남쪽으로는 오렌지(Orange)강으로 이어진다. 동쪽과 북쪽 일부에는 동경 20-21도선을 따라, 위도 17-18도 사이에 임의로 직선이 그어져 있다. 나미비아의 시민은 나미비아 북동쪽에 있는 카티마 무릴로(Katima Mulilo)에서 남서쪽에 있는 뤼데리츠(Lüderitz)까지 1,000마일 이상을 여행할 수 있으며, 이 경우에는 국제 이주자로 간주되지 않는다. 비록 이 사람이 "박해받을 수 있다는 두려움"(1951년 난민 협약)에서 도망치고 있다고 할지라도, 난민이 아닌 국내의 실향민으로 여겨질 것이다. 하지만 이 사람이 북쪽으로 몇 마일 이동해 국가 간 경계를 가로질러 잠비아로 가는 경우에는 국제 이주자가 된다.

경계를 데카르트 공간의 선으로 상상하는 데에는 경계가 갖는 특정한 목적이 중요하다. 아프리카의 많은 지역의 경우, 국가에 속한 영토를 나타내는 국경선은 유럽의 식민지화와 함께 시작되었다. 이러한 국경선이 그어진 것은 유럽 식민지 강대국들의 경쟁과, 지리전략적(geostrategic) 이익을 취하고 대륙의 자원을 착취하며 상업을 규제하기 위한 이해관계에 기반을 둔 협상의 결과였다. 이러한 이해관계로 인해 지도상에는 직선과 같은 임의의 국경선이 그려지도록 "고무되었다". 가령 앙골라와 맞닿아 있는 나미비아 북쪽 국경은 1886년 독일과 포르투갈의 국경 선언의 결과다. 이 선언의 제1조는 다음과 같다.

> 서남아프리카*의 포르투갈령과 독일령을 구분하는 경계선은 쿠네네강(Rio Cunene) 하구에서부터 이 강이 카나산맥(Serra Canna)

* 역주: 나미비아의 옛 이름을 일컫는 말

을 관통하면서 만든 험베(Humbe) 남쪽의 폭포까지 이어진다. 이 지점에서 국경선은 위도선과 평행하게 쿠방고강(River Kubango, Rio Cubango, Okavango)을 거쳐 독일 세력권에 속한 안다라(Andara) 마을까지 이어진다. 그리고 그다음 경계선은 동쪽으로 잠베지강의 카티마 무릴로 급류까지 이어진다.

Geographer, 1972, 3 인용

나미비아의 지도를 보면 보츠와나와 잠비아와 맞닿아 있는 북동쪽 모퉁이에 이상한 모양의 부속 지역[독일 식민 지배자들은 이를 지펠(Zipfel)이라고 칭했다]*이 존재한다. 앞서 언급했던 카티마 무릴로가 이 지역에 위치해 있다. 나미비아 국경선의 이러한 특징은 식민지적 경계 긋기의 또 다른 사례라 할 수 있다. 독일 식민 지배자들은 잠베지 강에 접근하기를 원했으며, 1890년 영국과 헬골란트-잔지바르 조약(HeligolandZanzibar Treaty)을 맺어 이 지역을 획득했다. 이들은 이 지역을 1890년부터 1894년까지 독일 총리를 역임한 레오 폰 카프리비(Leo von Caprivi)의 이름을 따서 카프리비지펠[Capricizipfel; 카프리비스트립(Caprivi strip)]이라고 명명했다. 2013년에 이르러서야 과거 식민 지배자의 이름을 딴 지명이 더 이상 사용되지 않았으며, 이후 이 지역은 '잠베지 지역'이라고 불리게 되었다.

유럽 식민 지배자들의 상업적, 지리전략적 이해관계는 그 땅에 사는 사람들에 대해 고려하지 않았다. 즉 유럽인들이 그린 국경선은 원주민

* 역주: 부속 지역(appendage)란 본래 생물학에서 줄기에 가지처럼 부착되어 있는 기관이나 부분을 의미한다. 저자는 나미비아 영토에 튀어나온 부분이 마치 줄기에 가지처럼 부착되어 있는 모습과 유사하다고 하여 이러한 이름을 붙였다.

들의 토지 이용 방식을 고려하지 않았던 것이다. 예를 들어, 앙골라와 나미비아 영토를 가르는 쿠네네강은 본래 장벽이 아니라 "소통을 위한 지점(location for communication)"(Marx, 2010)이었다. 유럽인들이 쿠네네강을 따라 국경선을 설정함으로써 유목 민족인 오바힘바족(Ova-Himba)의 영토가 갈라지게 되었다. 아프리카 전역에서 유럽 식민지 지배자들은 자신들이 차지한 영토를 표시하기 위해 국경을 그릴 때 언어, 종교, 민족 공동체의 지리적 범위를 무시했다. 그 결과 유럽인들이 그린 국경선은 공동체를 분열시키기도 했으며, 때로는 적대적인 공동체들을 하나의 국가 영토로 통합시키기도 했다.

오늘날 데카르트식 경계선은 이주를 통제하는 데 중요하다. 몇몇 국가들은 사람들이 허가 없이 국경을 넘어오는 것을 막기 위해 장벽과 철조망을 설치했다. 세계에서 가장 악명 높은 무장 국경 중 하나는 멕시코에서의 무허가 이주를 막기 위해 만들어진 미국의 남쪽 국경이다. 2001년 9월 11일 뉴욕과 워싱턴에서 일어난 테러 공격과 그에 따른 "테러와의 전쟁"의 여파로, 미국-캐나다 간 국경 역시 누가 국경을 넘는지에 대한 대대적인 조사가 이루어졌다. 하지만 국경 일대가 숲으로 뒤덮여 있어서 국경 관리인들이 경계의 위치를 특정할 수 없는 문제가 발생했다. 국경선은 더 이상 보이지 않았고, 캐나다 국제경계위원회 관계자는 "경계가 보이지 않으면 그 경계의 보안을 보장할 수 없다"라고 말했다(Alberts, 2006). 이 경우, 사람들이 경계를 자유롭게 넘나들지 못하게 하기 위해서는 지표면에 경계선의 정확한 위치가 특정되어야 한다.

물론 2차원 공간의 선으로서 경계는 제한적이며 불완전하다. 이주자들이 실제 국경선에 도달하기 전 공항이나 환승 허브에서, 혹은 그 선을 넘은 후 직장이나 공공 공간에서 이동의 흐름이 원격으로 모니터링됨에 따라 선의 기하학적 구조는 차츰 흐려진다(Vaughan-Williams, 2008). 발리바르(1998, 217-218)는 "경계는 더 이상 경계에 있지 않다"라고 말한다. 다른 경계 연구자들은 경계의 '외부화(externalization)'에 대해 말하는데, 이주자들에게 있어 경계는 더 이상 국가 영토의 외곽에 있는 것이 아니라, 경계를 넘으려는 의도가 평가되고 필요에 따라 막을 수 있는 위치에 있다는 것을 암시한다. 이주자들이 어떤 국가의 영토에 들어간 뒤 신분을 확인받는 '내부화(internalization)'도 유사한 방식으로 설명될 수 있다. 경계를 지도상의 단순한 선분으로 인식하는 것은 경계에 대한 이주민들의 경험 전체를 포착하지 못하고 좁고 부분적인 측면만을 재현한다.

## 주권의 보루

또 다른 측면에서 경계는 주권을 행사하기 위한 국가의 도구다. 법률학자인 캐서린 도베르뉴(Catherine Dauvergne, 2007; 2008)는 이민법에 대해 분석하면서 이주 통제를 "주권의 마지막 보루(the last bastion of sovereignty)"라고 칭한다. 이 경우 경계는 데카르트 공간상의 선분이 아니라, 국가 공동체에 대한 접근을 허용하거나 거부하는 법적 경계로 재현된다.

경계의 이러한 측면 또한 역사의 산물이다. 근대 영토 국가가 등장하기 전 중세 유럽에서 이주는 일반적으로 사람, 가족, 또는 사회 집단이 속해 있는 왕자, 영주, 또는 지방의 권력자들에 의해 통제되었다. "베스트팔렌(Westphalian)" 모델의 제정으로 영토 주권 국가는 사람들의 이동성을 독점적으로 통제하기 시작했다. 이런 방법으로 국가들은 국가 공동체의 성원권을 통제하려고 노력했다. 일련의 변화 과정을 거쳐 국가가 이주를 통제하기까지는

> 수백 년이 소요되었다. 근대 유럽 초창기 제국이나 보다 작은 규모의 도시 국가와 공국들이 '국민' 국가로 발전함에 따라, 로컬 수준에서 '국가' 수준으로의 방향 전환이 이루어지게 되었다.
>
> (Torpey, 2000, 8)

이러한 과정은 20세기 초반에도 여전히 진행 중이었다. 가령, 1905년 영국 외국인법(the British Aliens Act of 1905)*은 이주와 관련해 로컬 당국이나 기관의 지배에서 벗어나게 되는 변화의 계기가 되었다. "이러한 분산된 방식은 중앙정부가 입국항에서 시행되는 입국 거부 정책으로 대체되었다. … 따라서 이주 통제의 역사는 국가 형성 과정의 최전선에 있었던 것이다(Feldman, 2003, 175)."

주권 영토 국가가 이주를 통제하는 과정은 미국의 사례에서도 살펴볼 수 있다. 1780년대 죄수들의 입국을 막았던 것처럼, 각 주는 여러 지방법과 정책을 통해 이주를 책임지고 있었다(Neuman, 2003; Zollberg, 2003). 이러한 관행은 19세기 후반 산업화와 프론티어(frontier) 폐쇄에 수반되는 경제적 기회로 미국으로 많은 이민자가 유입되면서 바뀌게 되었다. 이러한 발전에 대한 대응으로 미국 연방정부는 1875년 페이지법**

* 역주: 1905년 영국 외국인법은 최초로 출입국 관리 및 등록 제도를 도입한 법으로, 출입국과 국적에 관한 사항을 내무부 장관이 총괄하도록 했다.

** 역주: 페이지법(Page Act of 1875)은 미국에서 최초로 이주를 제한한 법으로, 공화당 하원의원이

과 1882년, 1892년 이민법을 통과시켰다. 이에 따라 미국 연방정부는 이주, 그리고 누가 시민이 될 것인지를 규제하는 강력한 역할을 수행하게 되었다. 오늘날 이주가 국가의 관할이라는 것은 당연하게 여겨지곤 한다.

이러한 맥락에서 경계는 국민 국가들이 성원권을 통제하고 정치 및 시민(civic) 질서를 보호하기 위해 사용하는 도구로 상상된다. 존 토피(2000)에 따르면, 경계의 이러한 측면은 국가가 주체들을 "포용"하는 공식적인 시민권과 관련된다. 하지만 물론 경계의 이러한 측면 역시 경계가 어떤 식으로 사용되고 경험되는가에 대한 이야기의 일부만을 설명해 줄 뿐이다.

## 노동 규제

경계의 또 다른 측면은 경계가 노동에 끼치는 영향을 강조한다. 많은 이주자들은 경계를 통제, 규율, 그리고 그들의 노동력을 착취하는 메커니즘으로 경험한다. 경계가 이를 수행하는 두 가지 방식은 다음과 같다. 첫째, 경계는 글로벌 노동력을 지리적으로 서로 다른 노동력과 임금 기준을 가진 나라들로 나눈다. 멕시코와 미국의 국경이 그 예다. 이 국경의 북쪽에 있는 미국의 경우, 2014년 기준 1인당 국민총소득(GNI)은 약 55,200달러였고, 국경 남쪽의 멕시코는 겨우 9,860달러에 불과했다(World Bank, 2015). 미국 노동통계국(2015)이 제조업 부문 임금을 비

었던 호레이스 F. 페이지의 이름을 따 붙여진 법안이다. 이 법은 연방정부 입장에서 적절하지 않은 사람들을 거르는 제도로 활용되었다.

교한 결과, 2012년 멕시코 제조업 노동자들은 미국 제조업 노동자 평균 임금(35.67달러)의 18%(6.36달러) 미만을 받았다. 미국-멕시코 국경을 따라 들어서 있는 마킬라도라(maquiladoras)는 글로벌 기업들이 이와 같은 임금 차이를 어떻게 이용하고 있는지를 잘 보여 주고 있다. 이러한 제조업체를 운영하는 사람들은 멕시코의 낮은 인건비와 관용적인 노동 기준 관행을 바탕으로 이익을 취한다. 미국과 멕시코는 북미자유무역협정(NAFTA)에 가입되어 있기 때문에, 지리적 근접성을 활용해 미국 시장에 무관세로 쉽게 진입할 수 있다. 미국 기업만이 국경이 야기한 차이점을 통해 이익을 얻으려는 것은 아니다. 최근 독일의 한 경제지는 가족 소유의 중규모 독일 기업들에게 멕시코를 투자할 가치가 있는 지역으로 홍보했는데, 이는 멕시코의 연간 임금 인상률이 중국에 비해 "완만하기" 때문이다. 게다가 독일 기업가들은 멕시코의 한 기업(단지) 설립 예정지가 잠재적 소비시장인 미국으로의 무관세 수출 혜택을 제공한다는 이야기를 전해 듣는다. 따라서 멕시코에 공장이 입지해 있는 독일의 대형 자동차 제조업체인 폭스바겐(Volkswagen)과 아우디(Audi)의 선례를 따라가는 것이 독일의 중규모 제조업체들에게는 "거의 필수"적이다(Markt und Mittelstand, 2013).

경계는 멕시코와 같은 개발도상국의 노동자들이 미국 같은 글로벌 북부에 속한 국가의 보다 높은 노동 및 임금 기준에 접근하는 것을 막는 효과를 가지고 있다. 경계는 노동자들을 보다 불리한 조건의 국가 노동 시장, 그리고 종종 불충분한 국가 보건 의료 및 복지 시스템, 낮은 생활수준 안에 가두어 놓는다. 국경을 넘는 이동성에 대한 제약은 글로벌 남부 국가들에서 보다 쉽세 이용할 수 있는 "노동 예비군"(Sassen, 1988, 36)을 만들었다. 이렇듯 경계는 서로 다른 임금 및 고용 기준으로 노동력의 국제 분업을 강제한다. 결과적으로 경계를 넘나드는 "불평등한 교류"는 글로벌 남부의 노동자가 생산한 가치의 불균등한 지분을 글로벌 북부로 흘러가게 만든다(Emmanuel, 1972; Marx, 1960 [1905–1910]).

경계 통제와 노동 규제의 두 번째 방식은 노동자들이 경계를 넘은 후에 시행된다. 나의 이전 연구는 노동자들이 글로벌 남부에서 글로벌 북부의 국가들로 이주할 때조차 "노동력의 국제적 분업"이 지속되는 경향이 있다는 점을 보여 준다(Bauder, 2006). 수많은 고숙련 이주자들이 취업 허가서나 이민 서류들까지 구비하지만, 경계를 넘는다는 것은 종종 차별, 사회 문화적 배제, 외국 자격증이나 근무 경력 미인정으로 인한 노동력 평가 절하와 연관된다. 임시 외국인 노동자 프로그램 또한 비슷한 결과를 초래한다. 행동주의 학자인 난디타 샤르마(Nandita Sharma, 2006)의 연구는 캐나다의 임시 외국인 노동자 프로그램이 노동자에게 고용주를 선택할 권리를 부여하지 않는다는 점을 보여 준다. 이 프로그램은 다른 프로그램의 규정 및 관행과 마찬가지로 노동자들이 고용주에게 효과적으로 '결속'되게 만들고 캐나다 시민으로 누려야할 권리들을 주장하지 못하게 만든다. 경계 반대편에 있는 기원국의 비참한 조건으로 인해 이들은 이런 조건들을 받아들이는 것 외에는 선택의 여지가 없다. 특히 '입주 간병인 프로그램(Live–in Caregiver Program)'에 따르면, 필리핀의 고숙련 여성들은 캐나다에서 간병인으로 일하기 위해 아이들을 두고 필리핀을 떠나 캐나다 가정의 아이들을 돌본다. 그들은 캐나다에서 영구히 체류할 수 있다는 가능성 때문에 노동의 탈숙련화, 그리고 때로는 고용주에 의한 신체적, 정서적 학대를 견딘다.

건설 산업이나 가사노동 부문에 종사하는 이주자들의 노동 조건을 규제하는 **카팔라**(Kafala)라는 "보증인 제도"가 시행되고 있는 걸프만 일대 국가들의 상황은 더 심각하다. 이 장 초반부에서 노예 같은 조건 속에서 2022년 카타르 FIFA월드컵에 필요한 경기장과 인프라 시설을 건설하고 있는 노동자들을 언급한 바 있는데, 이는 카팔라 제도가 야기하는 문제를 보여 주는 사례라 할 수 있다. 국제 인권 감시 기구(Human Rights Watch, 2014)가 최근 발간한 보고서는 카팔라 제도하에서 아랍 에미리트 가사노동자들이 경험했던 학대 상황을 기록하고 있다. 캐나다의 몇몇 프로그램과 유사하게, 이 시스템은 보증을 취소할 권한을 가진 특정 고용주에게 노동자들을 효과적으로 결속시키고, 노동자들이 추방되는 결과를 초래한다. 또 아랍 에미리트의 노동법은 가사노동 부문에서 노동시간 제한과 시간 외 수당 지급 자격 등과 같은 기본적인 노동 및 직장 보호를 보장해 주지 않는다. 일부 고용주들은 가사노동자들을 잘 대우해 주기도 하지만, 카팔라 제도는 노동자들에 대한 학대와 착취를 야기한다. 고용주들은 종종 노동자들의 여권을 압수하고, 임금의 전액 지불을 거부하며, 적절한 휴식시간 없이 장시간 노동을 요구한다. 노동자들은 신체 및 언어적 학대, 식사 미지급, 아프거나 다쳤을 때 치료 거부 등을 경험했다고 이야기했다. 국제 인권 감시 기구가 아랍 에미리트의 사례에 대해 보고한 내용은 다음과 같다.

> 인도네시아 출신 노동자인 타히라(Tahira S.)는 강제노동을 가리키는 대부분의 지표에 해당되었다. 그녀의 고용주는 그녀를 집 안에 가두고 외출을 허락하지 않았다. 그녀에게 소리치고 때려 팔뼈를 부러뜨리기도 했으며, 여권을 압수했다. 매일 15시간 휴게나 휴일 없이 일하고 담요나 매트리스 없이 바닥에서 자게 했다. 게다가 식사는 하루에 한 끼만 제공했으며, 그녀의 일이 만족스럽지 않으면 식사를 주

지 않았다. 그리고 계약이 끝나면 돈을 주겠다고 약속했으나 아무것도 지불하지 않았다. 그녀는 국제 인권 감시 기구에 "그곳에 머무른 지 2주 후부터 사장님이 저를 때리기 시작했습니다. 매일 저를 때렸지만, 월급을 받고 싶어 참았어요. 3개월만 기다리면 돈을 받을 수 있을 것 같아서요. 사장님은 주먹으로 제 가슴을 쳤어요. 제 목을 손톱으로 긁고 얼굴을 때렸습니다. 목에 멍이 들었어요. 그리고 가끔 제 머리카락을 쥐어뜯기도 했습니다."

(Human Rights Watch, 2014, 49)

국제 인권 감시 기구는 최소 14만 6000명의 필리핀, 인도네시아, 인도, 방글라데시, 스리랑카, 네팔, 에티오피아 등의 국가 출신 여성들이 아랍에미리트에 가사 이주 노동자로 체류하고 있는 것으로 추산하고 있다. 국경을 넘은 노동자들은 노동력이 평가 절하되고 인권이 짓밟히는 경험을 한다.

국가의 허가 없이 국경을 넘는 노동자들은 더 열악한 상황에 처해 있기도 하다. '불법화'된 이주자들(illegalized migrants)*은 착취와 학대가 만연해 있는 비공식 경제에서 일할 수밖에 없는 경우가 많다. 국제 인권 감시 기구는 인신매매로 미국에 가게 된 노동자 존(John B.)에 대해 보도했다. 미국에 도착한 후, 그는

동부 연안의 여러 주에서 도로 포장이나 석조 공사 일을 했다. 존의

---

* 역주: 저자가 일반적인 불법체류자(illegal migrants) 대신 불법화된 이주자(illegalized migrants)라는 용어를 사용한 데는 이주자들을 '불법화'시키는 기존의 제도를 강조하고 비판하기 위함이라고 생각된다.

상사들은 몇 주에 한 번씩 그의 고국에서 그와 다른 노동자들을 호텔로 데려왔다. 존은 직장 밖에서 관계를 맺는 것이 금지되었고, 만약 이런 시도를 했을 때에는 신체적 학대를 받았다. 그가 탈출을 시도하자, 인신매매범들은 그가 돌아와 일하지 않는다면 그와 가족들을 살해하겠다고 위협했다.

(Human Rights Watch, 2010)

그가 마침내 이런 폭력적인 노동 환경에서 벗어났을 때 그는 미국 이민 당국에 체포되어 구금되었고, 추방 명령을 받았다. 불법화된 사람이었던 존은 시민들이 누리는 국가의 보호를 받을 수 없었다. 무자비한 고용주들은 존과 같은 노동자들의 취약한 상황을 이용할 수 있다.

글로벌 경제는 저렴하고 소모적인 노동력에 의존하는 경향이 있기 때문에, 경계는 노동력을 평가 절하하고 노동자들을 비인간화한다(Cohen, 1987, 135). 경계는 이러한 노동력들이 글로벌 남부에 머무르게 만들거나, 글로벌 북부로 이주할 경우 저렴하고 취약한 상태로 유지되도록 만든다. 많은 이주자들에게 경계를 넘는다는 것은 그들의 권리와 인간성을 잃는 순간을 의미한다.

## 피난처

경계의 또 다른 측면은 더 긍정적인 감정을 중심으로 작동된다. 경계를 노동력 평가 절하의 메커니즘으로 경험하는 이주자들도 그곳을 안전의 관문이자 희망의 상징으로 경험할 수도 있다. 인류 역사를 통틀어 사람들은 전쟁과 박해의 잔혹하고 파괴적인 결과를 피하기 위해 경계를 넘었다. 1933년 아돌프 히틀러(Adolf Hitler)와 나치당이 독일에서 권력을 잡은 후, 정권에 비판적인 사람들이나 유대인 가정들은 잔혹한 반유대 나치 정권에서 벗어나 피난처를 찾기 위해 미국, 영국 등으로 이주하면서 국경을 넘었다. 이러한 개인 및 가정들은 독일 중산층의 일원이었으며, 이주는 그들의 직업, 지위, 사회적 네트워크의 상실, 빈곤, 사회적 고립을 의미하기도 했다. 이 책을 쓰면서 학문적 영향을 받았던 철학자 테오도르 W. 아도르노와 한나 아렌트는 이 당시 난민이었다. 알베르트 아인슈타인(Albert Einstein)과 베르톨드 브레히트(Berthold Brecht) 같은 유명한 유대인, 정권 비판 학자, 지식인들과 함께 그들은 나치를 피해 독일에서 미국으로 이주했다. 그들의 친구이자 동료였던 발터 벤야민(Walter Benjamin)은 운이 좋지 않았다. 그는 미국으로의 여정을 계속하려는 목적으로 프랑스-스페인 국경을 넘은 후에야 스페인 정부가 국경 통과를 금지하였다는 사실을 알게 되었다. 그는 자신이 프랑스로 송환된 뒤 나치 독일로 인도될 것을 우려했다. 소문에 따르면 그는 희망을 잃고 모르핀 과다복용으로 자살했다. 안전으로 향하는 관문으로서의 국경은 폐쇄되어 있었다. 불행하게도, 벤야민은 국경이 단지 일시적으로 폐쇄된 것이라는 사실을 알지 못했다.

안전으로 향하는 관문으로서 경계에 대한 보다 최근 사례로는 우간다에서 소년병으로 경험했던 소름끼치는 일들에 관한 책을 쓴 치나 케이테시(China Keitetsi)의 사례가 대표적이다. 그녀는 어떻게 우간다와 케냐 간 국경을 넘었는지 묘사했다.

저는 곧장 국경 게이트로 가 그곳을 성공적으로 통과했습니다. 케냐

땅에 발을 디뎠을 때, 앉아서 누구에게 감사를 드렸는지 기억이 나질 않습니다. 제 친구들은 고개를 저으며 쳐다보기만 했습니다.

(Keitetsi, 2004, 246)

국경을 넘고 난 후, 그녀는 즉각적인 위험으로부터 벗어나 안전한 곳에 도달했다. 그녀는 버스를 타고 남아프리카로 간 뒤, UN의 도움을 받아 덴마크에 다시 정착했다. 이 장의 첫 부분에서도 언급했듯이, 시리아 등지에서 온 난민들도 국경을 안전의 관문이자 희망의 상징으로 보고 있다.

'경제 이주자'로 치부되며 자신의 노동력이 평가 절하되고 착취당할 것이라는 사실을 잘 알고 있는 사람들조차도 국경을 보다 나은 삶으로 가기 위한 관문으로 바라보는 경우가 많다. 가령 제조업 노동자의 시간당 임금은 미국이 멕시코보다 5배 많은데, 이와 같은 멕시코와 미국의 엄청난 소득 차이는 미국 당국이 입국을 허가하지 않더라도 수많은 라틴 아메리카 사람들이 국경을 넘어 미국으로 건너갈 동기를 부여한다. 비록 이주자들이 미국 사람의 시간당 임금의 3분의 1만 받고 법적 보호나 사회적 혜택을 받지 못하더라도, 이주는 여전히 상황을 개선할 수 있는 것으로 여겨질 것이다. 비슷한 이유로 유럽이나 다른 부유한 국가들은 이주자들을 끌어들인다. 이주자들은 물질적인 어려움이 덜한 삶을 위해 노동력이나 인간성에 대한 평가 절하를 견뎌낸다. 경계는 이러한 희망을 상징한다.

## 구별의 표식

마지막 사례를 들고자 한다. 경계는 서로 다른 국가 정체성과 '문화적' 실천을 구별하는 표식으로 작용할 수 있다. 그 예로는 미국 샌디에이고의 질서정연한 아름다움에서 벗어나 멕시코 티후아나의 화려한 북새통 속으로 들어서는 여행객들의 경험을 들 수 있다. 한나 아렌트의 논의를 바탕으로, 존 윌리엄스(John Williams, 2006, 96)는 경계가 "인간 사회의 차이와 다양성에 관한 관용"으로 구성된다고 주장하면서, 경계의 긍정적인 방향을 제시한다. 물리적으로 경계가 사라지고 사람들이 자유롭게 왕래하는 경우일지라도 경계의 이러한 측면은 경험할 수 있다. 예를 들어 지리학자 앙케 스트뤼버(Anke Strüver, 2005, 217)의 연구에서 보듯이, 네덜란드–독일 국경은 사람들에게 개방되어 있지만 이 국경은 계속해서 "언어, 규범, 관습이 다른 두 국민 국가들"을 나눈다.

산드로 메자드라와 브랫 닐슨(Sandro Mezzadra and Brett Neilson, 2013)은 경계를 이러한 차이를 만들어 내는 "방법"이라고 지칭한다. 다시 말해 경계가 확립된 후에 국가 정체성과 독특한 문화적 관행이 나타난다. 이러한 노선을 따라, 다른 연구자들은 경계가 어떻게 국가 정체성과 문화적 차이를 "실현(Shields, 2006, 230)"하고, "제도화(Shields, 2006, 230)"하며 "구체화(Anderson, 1991)" 하는지를 보여 주었다. 한 국가의 경계에 대한 단순한 시각적 윤곽조차 국가적 자부심과 애국심을 불러일으키는 "상징(logo)(Anderson, 1991, 175)"이 될 수 있다. 국가 스케일은 아니지만 텍사스 주의 상징은 경계의 이러한 기능을 보여 주는 사례라 할 수 있다(그림 2.2).

그러나 북미 대륙 북서태평양의 캐스캐디언(Cascadian) 지역으로 알

그림 2.2 상징(logo)으로서의 텍사스*
출처: 저자 직접 제작

려진 미국-캐나다 국경의 한 부분을 건너는 사람들에게는 경계의 이러한 양상이 보이지 않을 수도 있다. 지리학자 매튜 스파르케(Matthew Sparke, 2005, 58)의 연구에서는 캐스캐디언 지역 주민들이 이 지역의 독특한 생태에서 진화한 공통의 "심리 상태(state of mind)"를 공유하는 곳으로 볼 수 있다고 제안한다. 이 지역 주민들에게는 구별의 표식으로서의 경계가 존재하지 않을 수도 있다. 이 사례는 1812년 미국-영국 전쟁 후 영국과 미국 간의 국경 분쟁을 해결하기 위한 정치적 노력의 일환으로 북위 49도선을 따라 캐스캐디언 지역을 가로지르는 데카르트적 국경선이 어떻게 그어지게 되었는지를 보여 준다. 이런 식으로 경계를 긋는 데 있어 지역 주민들의 공통의 심리 상태는 결정적인 요소가 아닌 것으로 보인다.

* 역주: 그림 2.2의 Don't mess with Texas는 원래 텍사스주 교통국에서 도로에서 발생하는 쓰레기를 줄이기 위한 캠페인의 슬로건이었다. 그러나 이는 쓰레기를 줄이고자 하는 본래의 목표를 넘어서 텍사스 주민들에게 대중적으로 텍사스의 자부심을 상징하는 문구로 받아들여지고 있다.

앞의 사례는 경계의 측면이 항상 맥락에 따라 달라지고 불완전하다는 것을 보여 준다. 경계의 '본질'을 알아내는 것은 불가능하다. 그러나 이러한 불가능성이 경계의 현상을 이해하지 못하는 것으로 해석되어서는 안 된다. 오히려 정반대라고 할 수 있다. 즉, 이는 경계와 이주에 대해 변증법적으로 생각할 수 있게 해 준다. 경계의 다양한 측면들은 경계에 대한 부분적인 진실만을 포착해 내지만, 개별 측면들은 다른 관점들을 포괄하지 못한다는 점에서 한계가 있다. 이주자들이 새로운 방식으로 경계를 경험하게 되면 경계의 또 다른 새로운 측면이 나타난다. 따라서 경계에 관한 변증법은 개방적이다. 정치지리학자 기어로이드 오투아데일(Gearóid ÓThathail, 1999, 151)의 지리적 은유를 빌리자면, 새로운 경계와 이주 관행이 등장함에 따라 "새로운 유형의 아틀라스"가 그려져야 할 수도 있다. 다음 부분에서는 이러한 변증법적인 경계의 이동과 이주에 대해 자세히 살펴보고자 한다.

## 경계 변증법

경계와 이주에 관한 변증법적 사고의 주요 특징은 모순적이라는 것이다. 아프리카 지도상에 임의의 국경선을 그은 19세기 후반 유럽 식민주의자들, 자신의 안전을 위해 비슷한 국경을 넘은 소년병, 아이들을 먹여 살리기 위해 국경을 넘어 비인간적이고 착취적인 노동 프로그램에 참여한 임시 이주 노동자들은 모두 매우 다른 상황에 처해 있다. 이러한 차이에도 불구하고, 자본의 자유로운 국경 간 이동성과 노동의 상대적 부동성(immobility) 간의 모순처럼, 경계의 이러한 측면들은 서로 연관되어 있다. 이러한 모순으로 인해 기업과 주주들은 기업이 창출하는 가치에 대해 공정한 몫을 얻지 못하는 노동자들을 등에 업은 채 엄청난 이윤을 축적할 수 있게 된다.

그러나 변증법에 대한 헤겔의 이해가 경계 개념에 적용되는 데에는 한계가 있다. 이에 따르면 모순은 모순된 관점 사이를 중재하는 해법, 다시 말해 철학적 용어인 "지양(sublation)"*에 의해 충족된다. 일반적으로 이는 완전히 새로운 관점이 이전의 관점을 포함하는, 보다 포괄적인 관점을 제공함으로써 모순을 해결한다는 것을 의미한다. 나는 결코 경계 개념의 포괄적인 의미가 달성될 수 있다고 믿지 않는다. 변증법이 우리를 진실과 사상이 융합되는 상태로 이끌 수 있다는 이상주의적 주장은 지식의 단편적이고 정치적인 특성을 인정하는 입장에서 본다면 거부되어야 한다(예 Foucault, 1970; 1972). 비판 이론가들은 변증법적 과정이 보편적인 의미로 해결되는 지점을 열망하는 것은 부질없는 일이라는 데 동의한다(예 Horkheimer and Adorno, 2004 [1947]). 비판 이론은 대신 반대, 혹은 부정적인 사고를 유지하려고 노력하면서 변증법 운동의 지속을 주장한다(Adorno, 1963; Marcuse, 1964). 같은 방식으로, 우리는 경계의 개념이 본질적으로 불안정하다는 것을 인식해야 한다. 경계에 대한 보편적이고 고정된 의미는 달성될 수도 없고 바람직하지도 않다. 오히려 우리는 처음부터 경계의 모든 측면들이 잠정적이라는 것을 받아들여야 한다.

이 책에서 중요한 관념은 우리가 변증법 운동에 적극적으로 참여할 수

* 역주: 헤겔의 지양(aufheben, sublation) 개념은 들어 올리다, 보존하다, 부정하다는 세 가지 복잡한 의미를 지닌 개념이다. 이는 완전히 제거해버리는 부정이 아니라 부정적인 것은 버리고 긍정적인 것은 보존하여 모순을 통일하고 보다 높은 단계로 진행해 나가는 운동을 말한다(공감신문, [헤겔, 머드축제를 가다③] 자유의 등불, 2016-02-29).

있다는 것이다. 경계와 이주의 여러 측면을 인식하는 능력은 여기에 참여하기 위한 첫 번째 단계다. 그러나 적극적인 참여의 가능성은 참여의 정치에 관련된 중요한 질문을 제기한다. 한나 아렌트(1998 [1958],183)는 복잡한 "인간관계의 망"에서 적극적인 참여와 관련된 모든 노력들이 의도하지 않은 결과를 초래할 수 있다고 경고한다. 그렇기 때문에 우리는 지속적으로 참여하면서 동시에 우리가 참여하는 방식에 대해 비판적으로 반성해야 한다.

이상주의자인 헤겔은 이러한 참여가 어떻게 이루어져야 하는지에 대해서는 그다지 많은 지침을 제공하지 않는다. 헤겔(1970 [1820]; 1961 [1837])은 자신과 같은 철학자들은 새로운 것을 예상하거나 변증법적 운동을 형성할 수 없는 수동적인 방관자일 뿐이라고 믿었다. 이 책의 1부를 열었던 유명한 경구는 그의 이러한 믿음을 잘 보여 준다. 칼 마르크스와 프리드리히 엥겔스는 헤겔의 소극적 이상주의에 대해 나의 목적에 부합하는 방식으로 대응했다. 이들은 루트비히 포이어바흐(1986 [1841]) 이후, 헤겔의 머리부터 발끝까지 또는 "하늘에서 땅까지" 식의 변증법을 "땅에서 하늘로" 향하는 변증법으로 바꾸려고 했던 것으로 유명하다(Marx and Engels, 1953, 22; 저자 번역). 이런 식으로 마르크스와 엥겔스는 변증법이란 인간의 마음보다는 세속적 환경에 뿌리를 두고 있다고 강조했다. 나는 이러한 세속 기반의 변증법을 앞에서 설명한 경계의 다양한 측면들에 적용했다. 각각의 측면은 경계의 사용, 경험, 그리고 물질적 관행의 측면에서 의미를 갖는다. 그러나 헤겔처럼 자신을 변증법적 과정의 수동적인 관찰자라고 생각했던 포이어바흐와는 달리, 마르크스는 자신의 학문을 세속적 환경을 변화시킬 수 있는 교육적 활동이라고 이해했다(Marx, 1964 [1845]. 마르크스가 볼 때 변증법적 과정에 관여하는 것은 비판적인 학자의 핵심 책무다. 마르크스는 이 책무를 그의 11번째 논문에서 제시했는데, 나는 이 책 1부의 첫 부분에 두 번째 경구로 이를 제시했다.

헤겔과 포이어바흐의 소극적 학문과의 결별은 에티엔 발리바르(2002, 2004)와 같은 주요 경계 및 이주 연구가들을 위한 모델을 제시했다. 경계를 보는 방식은 단순히 속세의 환경과 실천을 기계적으로 반영하는 것이 아니라 우리의 상상력의 산물이기도 하다. 앞서 언급했던 사례들을 다시 얘기하자면, 아프리카 식민지 개척자들은 이 경계를 데카르트 공간상의 선으로 상상하는 지도 제작자의 의견을 취했고, 이에 따라 이들은 나미비아와 보츠와나의 실제 국경을 동경 20도와 21도를 따라 직선으로 그리게 되었다. 미국-캐나다 국경을 북위 49도선을 기준으로 캐스캐디언 지역을 관통하는 직선으로 그린 것도 비슷한 상상력의 산물이다. 비록 이 선들은 한 지역에 사는 사람들 사이의 민족 혹은 종족 공동체의 영토에 공유된 "심리 상태"를 무시했지만, 새로운 현실과 사실들을 만들어 냈다. 경계에 대한 우리의 상상은 경계를 횡단하는 사람들의 이동성을 포함한 세속적 관행들을 만들어 낸다.

## 결론

위의 논의들에서 나는 몇 가지 결론을 도출하였다. 첫째, 우리는 경계와 이주의 고정된 의미를 명확히 하고 싶어 하는 충동을 억제해야 한다. 이를 추구하는 것은 헛수고가 될 것이다. 경계 개념의 모호성을 확인함으로써, 우리는 경계의 의미가 항상 특정한 용도, 관행 및 경험과 관련되어 있다는 것을 인정하게 된다. 이러한 방식으로, 경계의 측면들은 항상 특정한 맥락과 연결되어 있다.

둘째, 주요 경계 및 이주 연구자, 활동가, 정치인, 그리고 경계의 변증법에 관여하는 모든 사람은 경계와 이주에 대한 새로운 상상을 제시할 수 있으며, 이러한 생각은 경계의 물질적 사용과 이주 관행에 영향을 끼칠 수 있다. 우리는 경계와 이주와 관련된 기존의 용도, 관행 및 경험에 도전하고 잠재적으로 이를 변화시키는 경계의 측면을 예상할 수 있다. 우리는 이러한 측면을 눈에 띄게 만드는 아틀라스를 그려낼 수 있다.

셋째, 경계의 변증법에 적극적으로 관여한다는 전망은 경계와 이주의 어떤 측면을 제시할 가치가 있는지에 대한 의문을 제기한다. 이러한 맥락에서 크리스 퍼킨스와 크리스 럼포드(Chris Perkins and Chris Rumford, 2013, 274)는 다음과 같이 말한다. "이러한 경계의 양상들이 이런 저런 형태의 행동을 가능하게 한다고 주장하는 것은 모두 훌륭하고 바람직한 일이다. … 이러한 주장의 성공 여부는 그 합리성을 입증해 낼 행위자에 달렸다." 다른 논문에서 나는 민주적이지만 국가 중심적이지는 않은(non-state-centered) 경계에 대한 다소 높은 수준의 비전을 제안해 왔다(Bauder, 2011). 5장에서 나는 좀 더 '합리적인' 것으로 간주될 수 있는 비전을 제시하고, 영토 국가를 진지하게 다룬다. 이 비전은 안전, 더 나은 삶 또는 둘 모두에 도달하기 위해 경계를 횡단하는 이주민들을 수용할 수 있는 국가의 잠재력을 높이 평가한다. 그러나 그다음 6장과 7장에서 나는 모든 가식을 버리고 오늘날 우리가 알고 있는 영토 국가가 더 이상 경계, 이주, 소속을 만들어 내는 정치적 상상력이 아니라는, "파시빌리아(possibilia)"로 뛰어들 것이다.

## 참고문헌

1951 Refugee Convention, United Nations High Commissioner for Refugees. Accessed January 21, 2016. http://www.unhcr.org/pages/49da0e466.html.

Adorno, Theodor W 1963. *Drei Studien zu Hegel* [Three Studies on Hegel]. Frankfurt am Main: Surkamp Verlag.

Alberts, Sheldon. 2006. "Canada-U.S. Border Seems to Be Missing." *CanWest News Service*. October 7. Accessed October 7, 2006. http://www.canada.com/story_print. html?id= 17c5f1 36-b517-4aea-bf22-770c658be52b& sponsor=.

Anderson, Benedict. 1991. *Imagined Communities: Reflections on the Origin and Spread of Nationalism*. London: Verso.

Anderson, Malcolm. 1996. *Frontiers: Territory and State Formation in the Modern World*. Cambridge: Polity Press.

Arendt, Hannah. 1998 [1958]. *The Human Condition*. Chicago, IL: University of Chicago Press.

Balibar, Étienne. 1998. "The Borders of Europe." In *Cosmopolitics: Thinking and Feeling beyond the Nation*, edited by Pheng Cheah and Bruce Robbins, 216-223. Minneapolis, MN: University of Minnesota Press.

Balibar, Étienne. 2002. *Politics of the Other Scene*. London: Verso.

Balibar, Étienne. 2004. *We, the People of Europe: Reflections on Transnational Citizenship*. Princeton, NJ: Princeton University Press.

Bauder, Harald. 2006. *Labor Movement: How Migration Regulates Labor Markets*. New York: Oxford University Press.

Bauder, Harald. 2011. "Towards a Critical Geography of the Border: Engaging the Dialectic of Practice and Meaning." *Annals of the Association of American Geographers* 101(5): 1126-1139.

Brunet-Jailly, Emmanuel. 2005. "Theorizing Borders: An Interdisciplinary Perspective." *Geopolitics* 10: 633-649.

Bureau of LaborStatistics. 2015. "International Comparisons of Hourly

Compensation Costs in Manufacturing, 2012." United States Department of Labor. Accessed December 15, 2015. http://www.bls.gov/fls/ichcc.htm.

Cohen, Robin. 1987. *The New Helots: Migrants in the International Division of Labour.* Aldershot: Avebury/Gower.

Dauvergne, Catherine. 2007. "Citizenship with a Vengeance." *Theoretical Inquiries in Law* 8(2): 489-506.

Dauvergne, Catherine. 2008. *Making People Illegal: What Globalization Means for Migration and Law.* New York: Cambridge University Press.

Eder, Klaus. 2006. "Europe's Borders: The Narrative Construction of the Boundaries of Europe." *European Journal of Social Theory* 9(2): 225-271.

Emmanuel, Arghiri. 1972. *Unequal Exchange: A Study of the Imperialism of Trade.* New York: Monthly Review Press.

Feldman, David. 2003. "Was the Nineteenth Century a Golden Age for Immigrants? The Changing Articulation of National, Local and Voluntary Controls." In *Migration Control in the North Atlantic World*, edited by Andreas Fahrmeir, Oliver Faron, and Patrick Weil, 167-177. New York: Berghahn Books.

Feuerbach, Ludwig. 1986 [1841]. *Das Wesen des Christentums* [The Essence of Christianity]. Ditzingen: Reclam.

Foucault, Michel. 1970. *The Order of Things: An Archaeology of the Human Sciences.* New York: Pantheon Books.

Foucault, Michel. 1972. *The Archaeology of Knowledge.* New York: Harper Colophon Books.

*Geographer.* 1972. *International Boundary Study No. 120: Angola -Namibia (South-West Africa) Boundary.* Washington, DC: Department of State, Office of the Geographer, Bureau of Intelligence and Research.

Haraway, Donna. 1991. *Simians, Cyborgs and Women: The Reinvention of Nature.* New York: Routledge.

Hegel, Georg W. F. 1961 [1837]. *Vorlesungen über die Philosophie der Geschichte* [Lectures about the Philosophy of History]. Stuttgart: Reclam.

Hegel, Georg W. F. 1970 [1820]. *Grundlinien der Philosophie des Rechts oder Naturrecht und Staatswissenschaft im Grundrisse* [Contours of the Philosophy of Right or Natural Right]. Stuttgart: Reclam.

Hegel, Georg W. F. 2005 [1807]. *Phänomenologie des Geistes* [Phenomenology of Spirit]. Paderborn: Voltmedia.

Horkheimer, Max and Theodor W. Adorno. 2004 [1947]. *Dialektik der Aufklärung: Philosophische Fragmente* [Dialectic of Enlightenment: Philosophical Fragments). Frankfurt am Main: Fischer Verlag.

Human Rights Watch. 2010. "Victims of Trafficking Held in ICE Detention: Letter to the US Department of State on 2010 Trafficking in Persons Report." April 19. Accessed December 7, 2015. https://www.hrw.org/news/2010/04/19/us-victims-trafflicking-held-ice-detention.

Human Rights Watch. 2014. "'I Already Bought You': Abuse and Exploitation of Female Migrant Domestic Workers in the United Arab Emirates." Report. Accessed December 7, 2015. https://www.hrw.org/sites/default/files/reports/uae1014_forUpload.pdf.

Johnson, Corey, Reece Jones, Anssi Paasi, Louise Amoore, Alison Mountz, Mark Salter, and Chris Rumford. 2011. "Interventions on Rethinking 'the Border' in Border Studies." *Political Geography* 30: 61-69.

Keitetsi, China. 2004. Child Soldier. London: Souvenir Press.

Marcuse, Herbert. 1964. *One-Dimensional Man: Studies in the Ideology of Advanced Industrial Society*. Boston, MA: Beacon Press.

Markt und Mittelstand. 2013. "Expansion nach Mexico: Was Mittelständler wissen müssen." March 7. Accessed December 16, 2015. http://www.marktundmittelstand.de/zukunftsmaerkte/expansion-nach-mexiko-was-mittelstaendler-wissen-muessen-1189651/.

Marx, Christoph. 2010. "Grenzen in Afrika als Last und Herausforderung." Heinrich Böll Stiftung. May 3. Accessed December 7, 2015. https://www.boell.de/de/navigation/afrika-grenzen-nationalstaat-afrika-kolonialismus-9109.html.

Marx, Karl. 1960. *Theorien Über den Mehrwert*, Volume 3. Berlin: Dietz (originally written in 1861-3 and published in 1905-10).

Marx, Karl. 1964 [1845]. “Thesen Über Feuerbach” [Theses on Feuerbach]. *Marx-Engels Werke*. Band 3. Berlin: Dietz Verlag. Accessed February 2, 2006. www.mlwerke.de.

Marx, Karl and Friedrich Engels. 1953. *Die deutsche Ideologie* [The German Ideology]. Berlin: Dietz Verlag.

Meier, Barry. 2015. “Labor Scrutiny for FIFA as a World Cup Rises in the Qatar Desert.” *New York Times*. July 15. Accessed December 9, 2015. http://www.nytimes.com/2015/07/16/business/international/senate-fifa-inquiry-to-include-plight-of-construction-workers-in-qatar.html.

Mezzadra, Sandro and Brett Neilson. 2013. *Border as Method: or, the Multiplication of Labor*. Durham, NC: Duke University Press.

Neuman, Gerald L. 2003. “Qualitative Migration Controls in the Antebellum United States.” In *Migration Control in the North Atlantic World*, edited by Andreas Fahrmeir, Oliver Faron, and Patrick Weil, 106-115. New York: Berghahn Books.

Newman, David and Anssi Paasi. 1998. “Fences and Neighbours in the Postmodern World: Boundary Narratives in Political Geography.” *Progress in Human Geography* 22(2): 186-207.

Nicol, Heather N. and Julian Minghi. 2005. “The Continuing Relevance of Borders in Contemporary Context.” *Geopolitics* 10: 680-687.

ÓThathail, Gearóid. 1999. “Borderless Worlds? Problematising Discourses of Deterritorialisation.” *Geopolitics* 4(2): 139-154.

Pattisson, Pete. 2013. “Revealed: Qatar's World Cup ‘Slaves.’” *Guardian*, September 25. Accessed December 9, 2015. http://www.theguardian.com/world/2013/sep/25/ revealed-qatars-world-cup-slaves.

Pérez-Peña, Richard. 2015. “Migrants' Attempts to Enter U.S. via Mexico Stoke Fears about Jihadists.” *New York Times*. November 19. Accessed December 9, 2015. http://www.nytimes.com/2015/11/20/world/americas/migrants-attempts-to-enter-us-via-mexico-stoke-fears-about-jihadists.html.

Perkins, Chris and Chris Rumford. 2013. "The Politics of (Un)fixity and the Vernacularization of Borders." *Global Society* 27(3): 267-282.

Rose, Gillian. 1997. "Situating Knowledges: Positionality, Reflexivities and Other Tactics." *Progress in Human Geography* 21: 305-320.

Rumford, Chris. 2008. "Introduction: Citizen and Borderwork in Europe." *Space and Polity* 12(1): 1-12.

Sassen, Saskia. 1988. *The Mobility of Labor and Capital: A Study in International Investments and Labor Flows.* Cambridge: Cambridge University Press.

Sharma, Nandita. 2006. *Home Economics: Nationalism and the Making of "Migrant Workers" in Canada.* Toronto: University of Toronto Press.

Shields, Rob. 2006. "Boundary-Thinking in Theories of the Present: The Virtuality of Reflexive Modernization." *European Journal of Social Theory* 9(2): 223-237.

Smale, Alison and Kimberly Bradley. 2015. "Refugees across Europe Fear Repercussions from Paris Attacks." *New York Times*, November 18. Accessed December 8, 2015. http://www.nytimes.com/2015/11/19/world/europe/refugees-paris-attacks.html.

Sparke, Matthew. 2005. *In the Space of Theory: Postfoundational Geographies of the Nation-State.* Minneapolis, MN: University of Minnesota Press.

Strüver, Anke. 2005. "Bor(der)ing Stories: Spaces of Absence along the Dutch- German Border." In *B/ordering Space*, edited by Henk van Houtum, Olivier Kramsch, and Wolfgang Zierhofer, 207-221. Farnham: Ashgate.

Surk, Barbara and Rick Lyman. 2015. "Balkans Reel as Number of Migrants Hits Record." *New York Times*. October 27. Accessed December 9, 2015. http://www. nytimes.com/2015/10/28/world/europe/balkans-slovenia-reel-as-number-of-refugees-migrants-hits-record.html.

Torpey, John. 2000. *The Invention of the Passport: Surveillance, Citizenship and the State.* Cambridge: Cambridge University Press.

van Houtum, Henk, Olivier Kramsch, and Wolfgang Zierhofer, eds. 2005.

*B/ordering Space*. Farnham: Ashgate.

Vaughan-Williams, Nick. 2008. "Borderwork beyond Inside/Outside? Frontex, the Citizen-Detective and the War on Terror." *Space and Polity* 12(1): 63-79.

Wastl-Walter, Doris. 2011. *The Ashgate Research Companion to Border Studies*. Farnham: Ashgate.

Williams, J. 2006. *The Ethics of Territorial Borders: Drawing Lines in the Shifting Sand*. Basingstoke: Palgrave Macmillan.

World Bank. 2015. World Development Indicators 2014. Accessed December 15, 2015. http://data.worldbank.org/data-catalog/world-development-indicators/wdi-2014 .

Zollberg, Aristide R. 2003. "The Archaeology of 'Remote Control'." In *Migration Control in the North Atlantic World*, edited by Andreas Fahrmeir, Oliver Faron, and Patrick Weil, 195-222. New York: Berghahn Books.

3장

# 접근 거부!

> 머지않아 출입국 통제는 시행 불가능하고, 너무 많은 고통과 비용을 수반하며, 자유와 정의라는 이상과 양립할 수 없고, 글로벌화의 압력에 버티지 못해서 사라지게 될 것이다.
>
> (Teresa Hayter, 2001, 150)

바다의 거친 물살에 휩쓸려 익사하는 남자와 여자들 그리고 아이들부터, 사막 지역에 고립되어 탈수 증상으로 사망하는 사람들, 화물 컨테이너를 이용해 밀항을 하다가 질식사하는 여행자들까지. 수천 명에 달하는 이주자들의 비극적인 죽음은 자유로운 국경 횡단을 규제하는 경계 레짐으로 인해 벌어진 재앙이다. 모든 이주자들에 대해 국경을 개방했다면 이러한 많은 사람들의 죽음을 막을 수 있었을 것이다.

개방국경에 대한 연구는 다양한 이데올로기적 관점에서 이루어져 왔다. 정치 성향이 완전히 반대에 있다고 생각하는 사람들조차 국경이 모두에게 개방되어야 한다는 것에 대해서는 동의할 것이다. 이번 장은 다양한 논점들이 '국경은 개방되어야 한다'라는 동일한 결론에 이르게 되는 과정을 분석한다. 이는 이전 장에서 경계가 관찰자의 입장에 따라 얼마나 다른 의미를 지니는지 설명했던 내용들과 연결된다. 이번 장에서는 국경과 국경을 넘나드는 이주자들을 다양한 각도에서 접근해 보고, '개방국경'을 지지하는 주장에 초점을 맞추고자 한다.

개방국경에 대한 논점을 분석할 때, 우리는 국경이 개방되지 않는 이유에 대해서도 살펴봐야 한다. 오늘날의 국경은 과거의 식민주의와 제국주의 세계를 연상시키는 정치적 관계들과 밀접한 관련이 있다. 과거에 식민지였던 글로벌 남부 국가의 시민들은 국경으로 인해 이동성에 과도한 제한을 받는다. 실제로 몇몇 비평가들은 현재의 국경 관행이 전 지구적인 아파르트헤이트(apartheid) 체계를 강화하고 있다고 주장한다(van Houtum, 2010; Loyd et al., 2012). 이주와 국경에 대한 제약은 또한 경제적 불평등을 심화시킨다. 이러한 제약은 노동의 국제적 분화를 유지하면서, 글로벌 남부 국가에는 취약하고 착취당하는 노동자만을 남겨놓는 경향이 있다. 이에 국경에 대한 통제를 거부하는 이주자들은 자신의 목숨을 걸고 국가의 허가 없이 국경을 넘기도 한다. 그 예로 아프리카나 중동에서 유럽으로 가는 이주자들이나, 라틴아메리카에서 미국으로 들어가려고 시도하는 이주자들, 또는 아시아에서 호주로 피신하는 이주자들을 들 수 있다. 가까스로 원하는 목적지에 도착하더라도 이주자들은 대부분 불법화되거나 형사처벌의 대상이 된다. 페르시아만 인근 국가(Gulf states)*의 외국인 노동자들과 같이 국경을 합법적으로 넘을

* 역주: 아라비아 반도 북동부, 페르시아만 남쪽 해안에 면해있는 바레인, 이란, 이라크, 쿠웨이트, 오만, 카타르, 사우디아라비아, 아랍 에미리트 연방 등의 산유국들을 이른다.

수 있는 이주자들도 종종 착취와 학대를 경험한다. 그들의 노동력이 고용주의 사회적·경제적 발전에 기여한다 해도 마찬가지다.

경제학자 존 이스비스터(John Isbister, 1996, 57)에 따르면, 이주와 국경에 대한 규제는 "자신들의 특권을 보호하려는 특권 계층에게 이익이 되기 때문"에 존재한다. 활동가 테레사 하이터(Teresa Hayter, 2001, 155)는 "소수 부유층의 특권을 지키기 위해 고통을 안기는 도덕적 권리의 가정은 당연히 의문시되어야 한다"며 이주와 국경을 통제하는 것에 대해 비판의 목소리를 냈다. 이스비스터와 하이터의 분석이 이루어졌던 2000년대 이래로 국경은 훨씬 더 치명적이고 잔인해졌다. 소외계층에게는 국경이 폐쇄되고, 특권층에게는 국경이 개방되는 경향을 보였다. 이러한 차별적인 혜택에 대해서는 반드시 의문이 제기되어야 한다. 만약 국경이 모두에게 개방된다면, 사람들의 자유와 인간성을 부정하고 노동력을 착취하며, 안전과 안보를 방해하는 요소들은 대부분 힘을 잃을 것이다.

## 개방국경에 대한 요구

유럽연합의 솅겐 지역*은 개방국경을 시행하고 있다. 지역 내 사람들에게 이주의 자유를 보장하는 것이 정치적으로 실현 가능하며, 경제적으로는 이로운 것으로 여겨졌기 때문이다. 다른 경우 우방국의 시민들 간에는 비자와 취업 허가증을 비교적 자유롭게 발급해 준다거나, 국경

* 역주: 유럽 내 솅겐 조약이 적용되는 국가의 영역을 의미한다. 솅겐 조약은 1985년 유럽연합 회원국 간 무비자 통행을 규정하기 위해 체결되었다.

을 횡단하는 여행의 경우 국경 검문소나 입국 지점에서 잠시 멈췄다가 가거나 국경 및 출입국 관리자와 짧은 대화를 나누는 절차를 거친다.

그러나 개방국경에 대한 일반적인 요구는 보통 비현실적인 것으로 치부된다. 정치 토론이나 정치 활동에서도 뒷전으로 밀려나 있다. 반면, 학계에서 개방국경 관념(open-borders idea)은 상당한 주목을 받아 왔다(ACME, 2003; Johnson, 2003; Pécoud and de Guchteneire, 2007). 웹사이트 Open Borders(http://openborders.info/)와 관련 트위터(@open bordersinfo) 및 페이스북 피드 등의 인터넷 기반 포럼에서도 활발한 토론의 주제가 되고 있다. 개방국경에 대한 요구는 국경 검문을 아예 하지 말자는 주장이 아니다. 이주를 했든 하지 않았든 범죄를 저질러서 기소된 범죄자들은 여전히 국경에서 체포될 수 있다. 오히려 개방국경 시나리오는 모든 사람들에게 국경선을 넘어 이주할 수 있는 동등하고 보편적인 자유를 부여해 줄 것이다.

개방국경에 대한 많은 지지에도 불구하고 왜 국경을 개방해야 하는지에 대한 통일된 입장은 없다. 오히려 개방국경에 대한 요구들은 다양하고 단편적인 추론 방식을 따르고 있다. 정치철학자 브라이언 배리(Brian Barry, 1992, 3-4)는 개방국경에 대해 소개하면서 "수많은 상이한 접근들이 공공의 문제에 대해 결론을 내리는 과정을 지켜볼 수 있는 것은 흔치 않은 경험"이라며 이미 25년 전에 경이로움을 표했다. 다음에서 어떤 입장이 개방국경을 요구해 왔는지 살펴보고자 한다.

## 자유주의 입장

개방국경을 지지하는 데 있어 중요한 논점은 이동성에 대한 제한은 자유주의의 핵심적인 철학 원칙에 위배된다는 것이다. 따라서 자유주의 원칙을 수용한다고 주장하는 국가들이 국경 간 이주를 제한하는 것은 결코 정당화될 수 없다. 만인의 도덕적 평등은 자유주의의 가장 기본적인 원칙 중 하나이다. 그러나 이 원칙은 국경에는 적용되지 않는 것처럼 보인다. 국경이 어떤 사람들에게는 열려 있지만, 다른 어떤 사람들에게는 닫혀 있기 때문이다. 선별적인 이주 정책과 국경 규제가 특권 대물림에 기반을 두고 있는 것은 아닌지 매우 우려스럽다. 정치학자 조셉 캐런스(Joseph Carens, 1987)는 일찍이 개방국경을 옹호해 왔다. 그는 기존의 틀을 깨는 연구를 통해, 시민권과 국가 영토에 들어가고 머무를 수 있는 권리를 생득권(brithright)으로 여기는 것은 자유주의와 대치되는 봉건적 특권과 유사하다고 주장했다. 캐런스는 자신의 주장을 밝히기 위해 많은 자유주의 정치 이론가들을 인용했다. 철학자 로버트 노직(Robert Nozick)을 인용하여 어떻게 해서든 자신들의 국가 영토에 대해 집단적인 생득권을 얻으려고 하는 시민들의 생각을 비판했다. 그리고 오직 시민권자만이 국가 간의 경계를 넘을 수 있으며, 비시민권자들의 입국을 선별적으로 거부할 수 있는 권리를 가지는 것에 대해 비판했다. 태어날 때부터 특권이 주어지는 것이나, 특정한 능력 또는 돈과 같은 임의적인 기준에 따라 국가 간의 경계를 넘을 수 있는 특권이 주어지는 것이나 똑같이 우려스러운 부분이다. 캐런스는 철학자 존 롤스(John Rawls')의 국경화된 정치 체제에 대한 주장은 차치하고, 그의 자유롭고 합리적인 사회에 대한 연구(1971)를 토대로 이주의 자유는 전 세계 인류에게 가장 기본적인 자유라는 결론을 내렸다.

이주 정책과 국경에 대한 규제는 의미부터 배타적이며 인간을 불공평하게 다룬다. 이는 평등이라는 보편적 관념을 일상적이고 공공연하게 위배하는 것이다. 자유주의 사상가들은 이러한 정책과 규제를 자신들이 따르는 원리와 일치시키는 데 어려움을 겪는다. 철학자 필립 콜(Phillip Cole, 2003, 3)은 "스스로를 자유 민주주의라고 칭하는 국가 내에서 행해지는 이민 및 귀화에 대한 법적·사회적 관행과 자유주의 정치이론에서 인식되는 근본적인 의무 사이에는 심각한 괴리가 있다"라고 말했다.

캐런스(1987)는 개방국경에 대한 그의 연구에서 인간의 자유로운 이동성을 옹호하기 위해 공리주의 논의를 덧붙였다. 이주가 이주자와 이주자 수용국 사회 모두에게 이익이 되면, 이주자뿐만 아니라 비이주자에게도 이익이 될 수 있다는 것이다. 그러나 국민 국가의 시민들은 대부분 국경을 넘는 이주자들을 받아주기보다는 이들을 거부함으로써 혜택을 받는다. 하지만 시민들이 받게 될 혜택은 국경을 넘지 못한 이주자들이 경험할 불이익보다 더 적다. 이 경우에 이주자들에 대한 국경 폐쇄는 시민들과 이주자들 모두가 얻을 효용의 총량을 줄이게 된다. 반면에 국경을 개방한다면, 이주 과정에 참여하고 있거나 이주의 영향을 받는 모든 사람들의 총효용은 극대화될 것이다. 이에 따라 캐런스는 국경이 개방되어야 한다는 결론을 제시한다.

개방국경에 대한 다른 자유주의 옹호자들은 이주의 자유가 인간의 기본권이라는 권리에 기반한 주장을 제시한다(Torresi, 2010). 법학자 삿빈더 저스(Satvinder Juss)는 자유로운 이동이 "인간 사회의 역사적 규범"이었음을 설명하면서 위의 주장을 뒷받침한다(Juss, 2004, 292). 그는 성서 시대나 로마 시대뿐만 아니라 중세 유럽의 법적 관행조차도 오늘날의 국가들만큼 이주를 제한하지는 않았다고 주장한다. 그는 16~18세기 유럽의 대표적인 공법학자들을 제시했는데, 네덜란드의 휴고 그로티우스(Hugo Grotius), 스페인의 프란시스코 데 비토리아(Francisco De Vitoria), 독일의 사무엘 폰 푸펜도르프(Samuel von Pufendorf), 스위스의 에메르 드 바텔(Emer de Vattel), 영국의 윌리엄 블랙스톤(William Blackstone) 등의 공법학자들은 신흥 주권 국가들이 외부인을 배제시키려는 시도에 대해 비판적인 목소리를 냈다(Juss, 2004, 297−302). 제3제국 직전의 1932년 프로이센 경찰 규정에서도 "이 영토에 적용되는 법과 행정규제를 준수하는 한" 외국인들이 국가 영토에 머무를 수 있도록 허용하고 있다(Shcerr, 2015, 71, 저자 번역).

개방국경을 옹호하는 또 다른 자유주의 논의는 응용 윤리학의 관점을 취하고 있다. 이 관점에 따르면, 국경 통제는 "명백한 권리 침해"이다(Huemer, 2010, 431). 이는 그들의 삶을 개선하거나 전쟁, 박해 또는 굶주림에서 벗어나기 위해 정당하게 추구할 수 있는 이주자의 이익을 강제로 침해하여 그들에게 해를 가하는 것이기 때문이다. 이주와 국경에 대한 통제는 "생명과 자유에 대한 권리를 제도적으로 침해하는 것이기 때문에 윤리적으로 옹호될 수 없다"(Scarpellino, 2007, 346). 이주가 국가에 실질적으로 위협이 되는 경우와 같이 특정한 상황에서는 국가가 마땅히 이주 과정을 통제할 수 있다. 그러나 이러한 상황은 개방국경에서는 극히 예외적인 일이다. 예외적인 상황인지의 여부에 대해서는 국가가 판단해야 한다(Ackerman, 1980).

한편 개방국경을 반대하는 자유주의자들도 있다. 그러나 이들의 반대 의견은 증거가 부족하거나 자유주의 논리에 부합하지 않는다. 예를 들어, 반대를 주장하는 사람들은 이주가 국가 존재에 외부적 위협이 된다고 말한다. 토머스 홉스(Thomas Hobbes, 1969 [1651])에 따르면, 그러한 위협을 경험한 국가는 자신을 방어하기 위해 행동할 권리가 있고 국경을 넘는 이주를 제한할 권리가 있다. 개방국경을 반대하는 주장이 인류의 원칙보다 국가의 원칙을 우선하는 "도덕적 편파성"을 드러낸다는 점을 차치하더라도, 이주가 국가 존재 자체에 위협이 되는 경우는 매우 드물기 때문에 쉽게 반박될 수 있다. 물론 이주가 국가 재원에 부담이 되거나 인구의 민족적 구성을 변화시킬 수는 있지만, 국가 존재를 없앨 정도로 위협이 되는 일은 거의 없다는 것이다.

다음의 수치들은 이 점을 잘 보여 준다. 일련의 여론 조사를 통해, 만약 전 세계의 국경이 개방된다면 얼마나 많은 이주자가 생겨날지 추정했다. 한 여론 조사에 따르면, 전 세계 성인의 13%인 6억 3000만 명의 사람들이 외국으로의 영구적인 이민을 고려하고 있다고 밝혔다. 이 중 1억 3800만 명은 미국을, 4,200만 명은 영국을, 그리고 3700만 명은 캐나다를 목적지로 선택했다(Clifton, 2013). 정치적 국경이 개방된다면, 분명히 이주**하고 싶은 마음**이 있다고 밝힌 사람 중에 일부만이 실제로 이주를 할 것이다.

다른 여론 조사에서는 많은 "사람들은 이주를 꿈꾸기만 하며", 전 세계의 4,800만 명 정도만이 1년 안에 실제로 이주할 계획을 세울 것이라고 밝혔다(Ray and Esipova, 2012). 국경을 개방한다고 해서 전 세계 인구가 곧바로 재배치되고, 이주자를 수용하는 국가에 실존적인 위협이 되는 일은 없을 것 같다. 수용국들은 이주의 결과에 따라 조금씩 변화를 겪기는 하겠지만 살아남을 것이다.

1904년부터 푸에르토리코와 미국 사이에는 사실상 개방국경이 이루어져 왔다. 국경이 개방된 후 즉각적인 대규모 이주는 발생하지 않았다.

20세기 초반 10년 동안 대략 2,000명 정도의 이민자들만이 푸에르토리코를 떠났다. 1950년부터 1960년 사이에 이주자 수가 조금씩 증가하면서 47만 명으로 최고점을 찍었다. 1970년에는 약 140만 명의 푸에르토리코인이 미국에 거주했다(Caplan, 2014). 위 사례가 보여 주듯이 개방국경은 즉각적인 인구 재배치를 초래하지 않았다. 오히려 푸에르토리코인들은 수십 년에 걸쳐 점증적으로 미국으로 이주했다.

유럽은 개방국경 시나리오 안에서 일어날 수 있는 또 다른 예시를 제공한다. 회원국 간 국경을 개방하는 솅겐 조약이 시행되기 직전에, 공포를 조장하는 사람들은 이에 대한 끔찍한 결과를 예견했다. 실제 이주민의 수가 예측 결과보다 많았는지 논의할 수도 있다. 중요한 것은 유럽 내 이주는 정치적 레이더망에 잡히는 일이 드물다는 것이다. 독일 정부에 따르면 2014년에 대략 114만 9,000명의 EU 시민이 독일에 입국하고, 47만 2,000명이 독일을 출국해서 순 이주자는 66만 7,000명으로 집계됐다(BAMF, 2015). 상당히 많은 수에도 불구하고 독일 정치가들이나 독일 언론 모두 당시의 이주를 문제 삼지 않았다. 그러나 독일에 입국한 난민이 유럽연합 밖에서 온 경우에는 이야기가 달라졌다. 2015년 가을, 독일 정부는 1년 동안 80만 명의 망명 신청자와 난민들을 받을 것으로 예측했는데(실제 최종 수는 더 많았다), 이 소식은 몇 달 동안 뉴스를 장악하고 정치적 토론의 주제가 되었다.

당시의 난민 '위기' 때, 역사학자 파울 놀테(Paul Nolte)는 "우리가 새로운 이주자를 받아들일 수 있는 능력에는 객관적인 한계가 없다"라고 발언했다(Nutt, 2015, 저자 번역). 고려해야 할 단기적 · 장기적인 결과만이 있을 뿐이다. 예를 들어 독일이 3년에 걸쳐 200만 명의 난민들을 받아들인다면, 난민들의 주거비용을 지불하기 위해 세금이 오를 수도 있고, 학교 시스템 안에 난민 아동들을 수용하기 위해서 학교 내 학급 규모가 늘어날 수도 있다. 하지만 근본적으로 독일의 정치 질서나 독일 국가의 존재 자체가 위협을 받는 것은 아니다.

누군가는 여전히 개방국경 시나리오가 총인구가 3,600만 명인 캐나다와 같은 나라에는 상당한 부담이 될 수 있다고 주장할 수 있다. 그 국가로 이민을 원하는 3700만 명 중에 일부만 실제로 이주를 한다 하더라도 국가에 상당한 부담이 될 수 있기 때문이다. 그러나 연간 이민자 수의 유입이 많은 것은 실존적 위협이 아니라 오히려 기회가 될 수도 있다. 역사적 사례를 보면 이민이 수용국의 경제적 성장 및 지정학적 영향력의 증가와 함께 발생했음을 알 수 있다. 이민으로 해당 국가의 번영이나 자유민주주의를 위한 헌신이 파괴되는 일은 없었다. 국경이 상대적으로 개방적이었던 19세기와 20세기 초반에 미국으로의 대규모 이민이 이루어졌던 시기는 미국의 급속한 산업화 및 세계 주요 경제 대국으로의 부상이 이루어졌던 시기와 일치한다(Vinegerg, 2015). 이민자들은 미국에 필요한 노동력뿐만 아니라 기술, 창조성, 그리고 기업가 정신도 제공했다. 뛰어난 능력으로 미국의 경제 성장에 기여한 주요 이민자로는, 전화기 같은 발명품을 통해 통신 혁명을 일으킨 발명가 알렉산더 그레이엄 벨(Alexander Graham Bell), 투자를 통해 강력한 미국의 철강 산업을 만드는 데 일조한 사업가이자 철학자인 앤드류 카네기(Andrew Carnegie), 청바지로 의류산업의 변화를 만들고 미국이 전 세계의 패션 트랜드를 이끌어가도록 만든 재단사이자 기업가 리바이 스트라우스(Levi Strauss)가 있다. 만약 미국의 국경이 오늘날에 개방되었다면 인종 구성이나 국가 경제 구조 및 규모에는 변화가 있었겠지만, "완전한 문명적 붕괴나 변혁"은 없었을 것이다(Smith, 2015). 1776년 건국 이래 미국은 언제나 인구의 증가와 변화에 적응해 왔다. 이러한 변화에 있어 국가 자체가 위협에 놓인 적은 없었다. 오히려 이민은 오늘날 미국이 전 세계에 지정학적인 우위를 가지도록 만들었다.

심지어 미국보다 경제적으로 덜 부유하고 대규모의 이주자들을 받아들일 수용력이 부족한 나라들도, 난민들이 전쟁과 박해를 피하기 위해 국경을 넘어 대거 유입했다고 해서 붕괴하지는 않았다. 유엔난민기구(UNHCR)는 2015년 중반까지 시리아와 아프가니스탄에서 지속되는 전쟁으로 180만 명은 터키에, 150만 명 이상은 파키스탄에 강제로 이주된 것으로 추정했다. 총인구가 600만 명이 채 되지 않는 작은 나라인 레바논은 대략 120만 명의 난민들을 수용하고 있다. 유엔난민기구는 레바논이 인구 1,000명당 209명의 난민을 수용하고 있는 것으로 추정했다(UNHCR, 2015a). 많은 난민이 이러한 나라들에 남아있는 이유는 순전히 더 부유하고 난민 수용 능력이 더 큰 나라들이 대부분 난민에 대해 국경을 폐쇄하고 있기 때문이다. 많은 수의 난민들을 받아들였을 때 필요한 재원이 늘어날 수는 있지만, 그로 인해 국가가 위험에 처하는 일은 없다.

또 다른 여론 조사는 얼마나 많은 사람이 다른 나라로의 일시적 이주를 고려하고 있는지 추산했다. 영구적 이주를 고려하는 사람들보다 더 높은 수치를 보였는데, 전 세계적으로 네 명 중 한 명(대략 11억 명)이 일자리 때문에 일시적 이주를 하고 싶다고 응답했다(Ray and Esipova, 2012). 이러한 종류의 이주는 흔히 글로벌 북부 국가에서 발생한다. 일시적 이주자들은 해당 국가에 필요한 노동력을 제공하여 국가 경제에 이익이 될 수 있지만, 국가는 이들에 대해 영주권자나 시민권자들에게 제공하는 국가적 책임을 '부담'하지 않아도 되기 때문이다. 국경이 개방되면 발생할 수 있는 대규모의 일시적 이주 노동 인구는 홉스적 국가(the Hobbesian state)를 위협하기보다 오히려 이를 강화할 수 있다.

자유주의 입장이 개방국경에 대한 찬성과 반대 양측 모두에 활용될 수 있다는 사실은 "자유주의의 역설을 만들어 낸다(Basik, 2013; Verlindon, 2010)". 예를 들어, 인간은 누구나 이주의 자유를 가지고 있다는 견해와 이러한 자유는 자유주의 국가에 위협이 된다는 견해 사이에는 모순이 존재한다. 더불어 자유주의 정치 이론가 마이클 왈저(Michael Walzer, 1983)의 연구는 국가 공동체는 그들이 원하지 않는 이주자들의 입국을 거부하는 것을 통해 그들의 정체성과 성원권을 결정할 권리를 가지며, 심지어 그러한 이유로 자국민을 추방할 권리도 가진다는 주장에 활용되었다(Hidalgo, 2014). 이 경우에 인간 평등과 이주의 자유라는 자유주의 원칙은 공동체의 원칙과 충돌하게 된다. 자유주의 논리는 변증법적인 사고보다 선형적인 사고를 강조하는 경향이 있기 때문에 이러한 모순은 이론적인 수준에서 해결될 수 없다. 이에 따라 비평가들은 국경 간 이동을 일부 허용하지만 자유로운 이동은 허용하지 않는 "공정하게 개방된 국경"과 같은 현실적인 타협안을 제시했다(Bader, 1997).

## 시장경제적 입장

개방국경은 대부분 이주의 자유에 따른 경제적 효과와 관련지어 논의된다. 경제학자들은 종종 그들이 자본의 자유로운 흐름이나 상품 및 서비스 무역에 적용하는 논리를 노동의 이동성에도 똑같이 적용한다. 데이비드 리카도(David Ricardo)의 경제 이론은 지리적으로 자유로운 노동의 이동성이 "세계 전체에 있어서 경제적이면서 효율적인 것"이라고 주장한다(Gill, 2009, 12). 자유로운 이동성을 통해 노동은 이를 가장 필요로 하는 곳이나 가장 효율적으로 활용될 수 있는 곳으로 이동하여, 지역과 국가가 특화되도록 한다.

반대로 이주와 국경에 대한 통제는 자유로운 노동 시장을 왜곡하며 경제적 비효율성을 야기한다. 이러한 왜곡의 근본 원인을 제거하면, 노동에 대한 개방국경을 통해 전 세계의 총소득 증가, 국제적 임금 차이 감소, 국가와 세계 경제의 효율성 증가와 같은 긍정적인 경제 효과가 나타날 것이다(Basik, 2013). 이러한 방식으로 노동의 자유로운 국제 이주는 전 세계의 인류뿐만 아니라 개별 노동자와 국가 경제에도 이익을 제공한다.

개방국경에 대한 자유시장주의의 주장은 자유주의 정치철학과 관련 있다. 그 철학에 따르면 사람들의 자유로운 이주를 막는 것은 일종의 폭력이며, 이주의 자유가 타인과 그들의 재산에 지나치게 영향을 미치지 않는 한 이 폭력은 정당화될 수 없다(Rothbard, 1978). 국경을 자유롭게 이동하는 것이 누군가에게 또는 누군가의 재산에 즉각적으로 해를 끼치는 게 아닌 한 이를 제한해서는 안 된다는 것이다. 경제학자 헤수스 우에르타 데소토(Jesús Huerta de Soto, 1998, 192)는 "이상적인 해결책은 … 오늘날에는 공공으로 간주되고 있는 자원들이 완전히 민영화되고, 이주와 이민의 모든 영역에 대한 국가 개입이 사라지는 것이다"라고 말했다. 그러한 시나리오하에서 이주의 유일한 조건은 "이주자가 그들을 받아들이고 싶어하는 소유자의 사유 재산이 되는 것이다"(Block, 1988, 173). 재산에 대한 이러한 자유주의의 입장은 자유시장 자본주의의 토대로 이어진다. "관세를 부과하고 외환을 관리하는 것처럼, 모든 유형의 이주 장벽은 자유방임 자본주의를 훼손하는 것이다"(Block, 1988, 168).

학계뿐만 아니라 정치인들 또한 국경을 초월하는 노동 이동성에 대한 자유시장주의의 입장을 수용하고 있다. 1980년 4월 4일 로널드 레이건(Ronald Reagan)과 조지 부시(George H. W Bush)는 텍사스주 휴스턴(Houston)에서 열린, 여성 유권자 연맹(League of Women Voters)이 주최한 후보자 토론회에서 그러한 입장을 지지했다. '불법적' 이주에 대한 생각을 질문 받았을 때, 부시는 "우리가 불법으로 취급해 온 몇몇 종류의 노동을 합법으로 여기고 싶다"라고 말했다. 레이건은 다음과 같이 덧붙였다.

> 미국과 멕시코에 장벽을 세우기보다 … 멕시코인들이 취업 허가증을 받고 합법적으로 미국으로 올 수 있게 하는 것이 어떻겠습니까? 그렇게 된다면 그들이 여기서 일을 하고 돈을 버는 동안에는 여기에 세금을 내고, 그들이 돌아가고자 할 때는 돌아갈 수 있습니다. … 양쪽 모두 국경을 개방합시다.
>
> (Reagan and Bush, 1980)

노동이라는 생산 요소를 위한 개방국경은 자유시장주의자들의 공통된 정치적 입장이다.

시장경제적 입장에 따라 개방국경을 지지하는 사람들은 노동의 자유로운 이동성이 한 국가의 정주 인구에 미치는 영향을 알고 있다. 실제로 그들은 이러한 영향의 긍정적인 특성을 강조한다. 예를 들어, 이주자를 수용하는 국가의 비이주자이면서 부동산 소유주인 사람들은 주택 수요가 높아지면 부동산 가치가 증가하여 이익을 얻을 것이다. 게다가 이주자들은 국가의 세금과 복지 제도에 기여하지만, 비시민권자로서 그에 상응하는 혜택을 받을 자격은 없다(Moore, 1991; Riley, 2008). 강력한 복지 제도를 갖춘 국가들 또한 세금 납부, 보험료, 회비 등으로 사전에 기여를 한 이주자에게만 조건적으로 복지 혜택과 서비스를 제공한다면, 복지 제도가 개방국경에 의해 위험에 처하는 일은 없을 것이다.

## 정치경제적 입장

정치경제적 입장의 지지자들은 시장자본주의에 비판적인 경향이 있다. 몇몇은 보편적 자유와 평등이라는 진보적 사상을 포함하는 자유주의에 대해 회의적이다. 그들은 이러한 개념들이 자본주의를 긍정하는 이데올로기의 징후라고 여긴다. 그들은 대신에 노동자에 대한 경제적 착취와 사람들에 대한 정치적 억압에 초점을 맞추고 있다. 이 관점에 따르면 이주자들이 사회적 불평등을 경험하는 것이 생득권과 평등권을 침해당했기 때문만은 아니다. 이주자들은 착취당하고 억압을 받는 상황에 놓여 있기 때문에 사회적 불평등을 경험하게 된다.

이러한 주장은 앞 장에서 설명한 노동을 평가 절하하는 경계의 관점과 관련되어 있다. 자본주의의 역사적 발전 과정에서 국경과 이주에 대한 제한은 노동을 통제하고 착취하는 수단이 되어 왔다. 국경에 따라 노동 이주를 제한하는 관행은 글로벌 노동력을 국가 경제 간의 경쟁으로 분할시켰다. 이러한 분할정복 전략(divide-and-conquer strategy)은 글로벌 노동력을 규율하는 것을 목표로 한다(Fahrmeir et al., 2003). 최근에 국경 통제는 취약하고 착취당하는 노동자들을 낮은 임금과 열악한 노동 기준을 가진 나라에 가둬두거나, 국경을 넘을 수 있는 상당수의 노동자들을 탈숙련화시키고 범죄화하면서 국제 노동 분화를 더욱 강화해 왔다. 한편, 그동안 세계 자본주의가 선호하는 "고숙련 노동자들에 대해서는 사실상 이미 국경이 개방되어 왔다"(Castles, 2003). 특권화 사업과 전문 엘리트들에게는 국가 간 경계가 개방되는 반면, 빈곤한 노동자에게는 차별적으로 규제를 가하면서 이들을 더욱 착취당하도록 만들었다. 개방국경은 글로벌 노동력을 구분 짓고, 취약하고 착취당하는 노동자들을 만들어 내는 이러한 메커니즘을 없앨 것이다.

정치경제적 입장을 지지하는 사람들은 또한 세계 자본주의가 어떻게 사람들을 내쫓거나 떠나게 만들었는지, 어떻게 이들을 이주민으로 만들었는지 대해서도 관심을 가진다. "오늘날 이른바 '이민 문제'라고 불리는 것은, 무자비한 자본 과잉이 만들어 낸 전 지구적 혼란에 비하면 빙산의 일각에 불과하다"(Darder, 2007, 377−8). 무역의 자유화와 세계 자본주의의 발전은 산업화가 덜 진행된 국가를 약탈하고 인구의 대부분을 재배치시켰다. 그 결과 정주하기를 원했던 사람들마저 이주하도록 만들었다. 칼 마르크스(Karl Marx)는 이미 산업 자본주의의 확장에 따른 전통적인 경제의 변화를 정확히 인식하고 있었다. 최근에는 자본주의가 확장되고 관련된 비자본주의 경제 관행이 전환되는 속도가 더욱 빨라지고 있다. 지리학자 데이비드 하비(David Harvey, 2005, 160−161)는 1917년부터 원주민들의 집단적 소유권과 토지 사용권을 보호해온 멕시코 법을 개혁한 유명한 사례를 제시했다. 1991년 살리나스(Salinas) 정부가 멕시코와의 북미 자유무역협정(NAFTA)을 준비하기 위해 시작한 이 개혁은 멕시코 남부 치아파스(Chiapas)주에 있는 사파티스타 민족 해방군(Zapatista Army of National Liberation)*의 반란으로 이어졌다. 1994년

1월 1일 NAFTA가 효력을 발휘하게 된 날, 사파티스타 반군은 NAFTA와 멕시코 정부의 정치인들에 대항하기 위해 산크리스토발 데 라스 카사스(San Cristóbal de las Casas)와 멕시코 치아파스주의 다른 도시들을 점령했다. 토지 사유화와 미국과의 무역 자유화는 많은 멕시코 농촌 지역의 영세농들을 그들의 땅에서 밀어내고, 일종의 인구 압력을 가중시켜 더 큰 인구 이동을 초래했다.

대외 경쟁과 세계 무역 기구(World Trade Organization)의 규제는 글로벌 남부의 다른 국가들의 경제와 인구에도 비슷한 영향을 끼쳤다. 자본과 무역에 국경을 개방하는 것은 농촌에서 도시로의 이주를 야기했고, 많은 사람들의 생계수단을 파괴했다. 사람들에 대한 개방국경의 경우 비자발적인 이주와 빈곤 문제를 근본적으로 해결하지는 못하겠지만, 글로벌화에 따른 노동 시장과 인구 압력의 문제는 어느 정도 해결할 수 있을 것이다.

개방국경은 또 다른 이점이 있다. 많은 이주자들은 그들의 가족 구성원이나 그들이 떠나온 지역 사회에 돈을 보낸다. 세계은행(2015)은 2014년에 이주자들이 개발도상국으로 송금한 돈이 대략 4360억 달러인 것으로 추정했다. 개발도상국으로 유입되는 송금액은 이들 국가에 중요한 자본이 된다. 이주자들은 가족들이 소비재를 구매하고 서비스를 이용할 수 있도록 하며, 지역 사회가 교육, 기반 시설, 그리고 개발 사업에 투자할 수 있도록 돕는다. 개방국경 시나리오에서는 이주의 증가와 더불어 전 지구적인 송금액도 함께 증가할 것이다.

---

* 역주: 멕시코의 혁명지도자 에밀리아노 사파타의 이름을 딴 사파티스타 민족 해방군은 1994년 NAFTA 반대와 원주민 권익옹호를 목표로 무장투쟁을 벌였다. 정부군과의 치열한 교전 끝에 1996년 멕시코 정부와 평화협정을 맺고, 2003년 치아파스주의 일부 지역에 사파티스타 자치구를 수립하였다.

또한 개방국경 시나리오에서는 이주자들이 그들의 고향으로 쉽게 돌아갈 수 있다. 무엇보다 이주자들은 본국에서 그들을 필요로 하는 상황이라면, 다시 본국으로 이주해갈 수 있다는 것을 알게 될 것이다. 국경이 폐쇄되어 그들이 고립될 일은 없을 것이다. 귀환 이주의 증가는 본국에 긍정적인 영향을 끼칠 수 있다. 왜냐하면 대부분의 이주자들이 해외에 체류하는 동안 업무 경험, 기술, 교육, 전문화된 지식, 그리고 추가적인 언어 능력 등의 '인적 자본'을 얻기 때문이다. 이주자들이 이러한 인적 자본을 기원국에 적용하게 되면 해당 국가들의 경제에 긍정적인 영향을 줄 수 있다.

하지만 '두뇌 순환'이라는 관념을 맹목적으로 옹호하지 않도록 주의해야 한다. 이러한 사고방식은 '가장 뛰어난' 글로벌 남부의 노동자들을 선별해 가는, 부유한 국가의 선별적 이주 정책을 정당화하는 데 사용될 수 있다. 결과적으로 글로벌 남부 국가들에 가해지는 이주 정책으로 인해 귀환 이주의 혜택보다 '두뇌 유출'에 따른 손해가 더 클 수 있다. 146개국 40만 명 이상의 사람들에게 해외 이주 의향을 묻는 여론 조사에서, 대부분의 교육을 받고 전문직으로 취업한 노동자들은 이민을 준비하고 있는 것으로 나타났다. 교육을 받지 못하고 기술이 없거나, 무직이거나, 비정규직인 사람들이야말로 해외에서 직업을 얻거나 추가적인 기술을 얻음으로써 더 큰 혜택을 받을 수 있는데도 말이다(Ray and Esipova, 2012). 그 결과는 두뇌 유출로 이어진다. 글로벌 남부의 국가들은 그들의 빈약한 자원을 숙련된 노동자를 교육하고 훈련시키는 데 투자하지만, 노동자들이 해외로 이주하게 되면 그동안 투자해 왔던 것들을 잃게 된다. 2006년 케냐에서 교육을 받은 약 167명의 의사들이 미국과 영국에서 일을 했고, 이로 인한 케냐 사회의 총 손실액은 8600만 달러(2006

년 기준)를 넘는 것으로 나타났다. 또한 케냐의 간호사들이 7개의 경제 협력 개발 기구 국가들로 이동하면서 4억 1100만 달러의 추가 손실을 입었다. 이는 케냐 사회에 보건 서비스의 손실, 의료 멘토와 전문직 롤모델의 유출, 세입 감소라는 추가적인 손해를 입혔다. 역설적이게도, 글로벌 남부의 많은 고학력 이주자들은 그들의 기술, 교육, 경험과 자격증을 그들이 도착한 국가에서 활용하지 못해서 엄청난 "두뇌 낭비"를 초래한다(Reitz, 2001).

개방국경은 모든 잠재적 이주자들에게 공평한 경쟁의 장을 제공할 것이며, 교육 수준이 높은 엘리트들의 불균형적인 이탈에 대항하고, 교육 수준이 낮은 노동자들이 해외에서 값진 경험과 기술, 지식을 얻기 위해 이주할 수 있는 기회를 제공할 것이다. 만약 이전의 교육 수준이 낮았던 노동자가 능력 있고 경험 많은 노동자로서 본국으로 돌아가게 된다면, 해당 국가는 인적 자본에 있어 상당한 이점을 경험할 수 있다. 요약하자면 개방국경은 송금액을 현저히 증가시킬 것이고, 이주 과정을 통해 탈숙련화되는 대신에 전문화된 '두뇌'의 순환을 잠재적으로 향상시킬 것이다.

## 다른 입장들

개방국경을 주장할 수 있는 입장에는 한계가 없어 보인다. 다음의 주장들은 학계 또는 정치적 논쟁에 있어 앞의 주장들보다 덜 다뤄진다. 하지만 다뤄지는 빈도가 적다고 해서 이 주장들의 지적·실용적 가치가 낮은 것은 아니다.

반인종주의의 입장은 "이주에 대한 통제는 인종 차별에서 비롯한다"라고 주장한다(Hayter, 2001, 149). 이 입장에 따르면, 국경은 특히 인종화된 사람들의 자유로운 이동을 막는다. 인종적 특성을 바탕으로 사람들을 분리하기 위해 국가 간에 경계를 긋는 것은 식민주의 역사와 얽혀 있다. 인종적 특성에 따라 경계를 긋는 관행은 북미에 정착한 유럽 이주자들이 원주민들을 "인디언 보호구역"으로 추방시킨 사례나, 인종 차별을 당하는 "흑인들"을 흑인자치구역(homelands)으로 분리시킨 남아프리카의 아파르트헤이트 제도를 통해 설명될 수 있다. 오늘날 국경 통제는 글로벌 남부의 인종화된 이주자들이 글로벌 북부 국가에 입국하거나 정착하는 것을 여전히 불균형적으로 막고 있다.

이슬람 혐오는 인종적 특성에 따른 차별적인 관행과 관련되어 있다. 이러한 관행은 오늘날의 국경 관행에도 영향을 미친다. 가령 헹크 판 하우툼(Henk van Houtum, 2010)은 유럽연합의 솅겐 지역에 입국하려면 비자가 필요한 135개국의 블랙리스트에 대해 설명했다. 이 리스트를 분석하면서 그는 이슬람 국가들이 지나치게 많은 것을 발견했다. 한편 인종화된 사람들은 대부분 일시적 이주 제도를 통해야만 국경을 넘는 것이 허용된다(Sharma 2005; 2006). 이는 분명히 이들을 시민으로 원하는 것이 아니라, 노동자로서 필요로 하는 것이다. 국경은 아파르트헤이트의 전 지구적 체계를 수립하는 데 "필수적인 제도가 되었다"(Balibar, 2004, 113). 개방국경은 이러한 인종 차별적 관행을 완화시킬 것이다.

개방국경에 대한 젠더 논의를 지지하는 사람들은 국경 간 이동에 대한 제약이 과도하게 여성을 대상으로 이루어지며, 제한적인 이주 정책들은 전쟁이나 폭력, 빈곤에서 탈출한 여성과 아이들을 지원하고 수용하지 못한다는 것을 강조한다(Preston, 2003). 글로벌 북부에는 여성 이주자들이 많긴 하지만, 전 세계 이주자와 난민 중에 여성은 절반이 안 된다(UNHCR, 2015b; United Nations, 2013). 만약 국경을 넘을 수 있다고 하더라도, 여성들은 대부분 이중고를 경험하게 된다. 그들은 이주자로서는 취약하고 가부장제 사회의 여성으로서는 동등한 기회를 박탈당하면서, 저평가된 서비스와 돌봄 노동을 수행하게 된다. 인종과 젠더의 교차는 글로벌 남부의 인종화된 여성 이주자에게 삼중고를 안겨 준다. 이러한 교차적 취약성은 캘리포니아 가정의 가정부로서 비공식적으로 일하는 과테말라 여성과 싱가포르의 부유한 가정의 아이들을 돌보는 필리핀 유모, 이탈리아 노인들에게 돌봄 서비스를 제공하는 루마니아 보모들에게 영향을 미친다. 이러한 여성들의 돌봄 노동은 사회와 경제가 작동하는 데 필수적인 역할을 한다. 여성의 돌봄 노동은 다른 사람들이 부유해지고 안락한 삶을 살 수 있도록 만들지만, 이주 여성들 자체는 거의 혜택을 받지 못한다. 이들은 자신들이 생산하는 가치의 극히 일부만을 얻어간다.

정치적인 주장은 개방국경이 지정학적인 이유에서 실용적일 수 있다고 주장한다. 가령 개방국경으로 인해 다른 국가를 침략한 국가가 그 침략으로 인해 발생한 난민들을 모두 받아들여야 한다면, 군사적 침략은 발생하지 않을 것이다. 정치지리학자 닉 길(Nick Gill, 2009, 113)은 다음과 같이 말했다.

> 분명히, 전쟁으로 발생한 난민 대다수를 미국과 영국이 수용해야 했다면, 서구의 비호를 받았던 아프가니스탄과 이라크의 전쟁은 미국과 영국의 지원을 받지 못했을 수도 있다. 침략을 생각하는 국가들끼리 국경을 맞대고 대립하는 상황에서 국경 통제가 줄어들거나 없어

지는 분위기라면 이들도 군사적 행동에 대해 다시 한번 생각해 보게 될 것이다.

개방국경은 침략국이 군사적 개입에 대한 상당한 부담을 가지도록 만들 것이다.

마지막으로 종교와 신앙에 근거한 입장도 개방국경을 지지해 왔다. 가령 이주의 자유는 교황 요한 바오로 2세의 성명(statements) 및 신약 성경의 구절과 관련되어 있다(Tabarrok, 2000). 프란치스코 교황 또한 이주자들, 특히 미국과 그 외 다른 나라에서 불법 이주자가 된 사람들에 대해 강력한 지지를 보내왔다. 미국의 이민 개혁에 대한 로마 가톨릭 교회의 입장은 "'개방국경' 정책에 근접한 것"으로 해석된다(McGough, 2014). 개방국경은 또한 이슬람과도 연결될 수 있다. 특히 **움마**(Um-mah)라는 개념은 국경의 제약을 받지 않는 "트랜스로컬"한 전 지구적 이슬람 공동체를 그려낸 것으로 해석될 수 있다(Mandaville, 2001). 이 개념은 "당시 개방국경을 통해 '국제주의적' 분위기를 조성했던 오스만 시대에서 기원한" 코스모폴리탄 이데올로기와 관련되어 있다(Morey ad Yaqin, 2011, 180).

## 결론

개방국경의 가능성이 "정의와 형평성과 관련된 모든 문제의 만병통치약은 아니다"(Murphy, 2007, 53). 많은 이주자가 경험하는 고통, 불공평한 처우와 억압은 개방국경뿐만 아니라 더 포괄적인 대책을 필요로 한다. 동시에 인간 불평등, 불공정한 경쟁, 노동력 착취, 인종 차별, 성차별, 그리고 군사적 침략 등 다양한 불평등에 있어 구조적 문제의 근원을 목표로 할 필요가 있다(Gurtov, 1991). 개방국경에 대한 요구는 현재의 국경 정책과 관행에 의해 만들어진 특정한 불공정성과 불평등에 한정된 반응일 뿐이다. 개방국경에 대한 요구가 인간 불평등, 착취, 인종 차별, 성차별 또는 폭력의 모든 사례를 한 번에 해결해 주지는 않을 것이다. 개방국경에 대한 요구는 오직 제한된 정치적 목표만을 대변한다.

앞선 논의들은 개방국경에 대한 다양한 주장이 근본적으로는 매우 다른 철학적 입장을 토대로 하지만, 국경은 개방되어야 한다는 유사한 결론에 도달하는 것을 보여 준다. 몇몇 철학적 입장은 다른 입장과 양립하지 않는다. 예를 들어, 개방국경에 대한 정치경제적 입장을 지닌 마르크스주의자들에게 자유주의는 단지 평등, 해방, 자유를 가장해서 노동자에 대한 착취와 부의 유용성을 정당화하는 역할을 하는 이데올로기일 뿐이다. 그렇지만 마르크스주의 정치경제학자들과 자유주의 이론가들, 그리고 자유시장주의 경제학자들은 모두 개방국경에 동의한다.

개방국경에 대한 요구와 관련한 다른 철학적 입장들은 서로 잘 양립하기도 한다. 예를 들어, 개방국경에 대한 자유주의와 자유시장주의의 입장은 이주의 자유와 같은 내재적 자유의 기본 단위인 개인에 중점을 둔다. 이와 비슷하게, 자유주의의 주장은 개방국경에 대한 정치경제적 주장과 공명한다. 두 주장 모두 가난한 사람들이 더 나은 환경으로 이주해 경제적인 어려움에서 벗어날 수 있도록 도와줌으로써 전 지구적 빈곤이 완화되기를 지지한다(Wilcox, 2009). 반인종주의와 반성차별주의의 주장은 인종 차별과 성차별을 인간 평등에 대한 침해로 여기는 자유주의 입장과 연계될 수 있다. 또한 반인종주의와 반성차별주의는 인종과 젠더에 대한 차별을 시장 왜곡으로 이해하는 시장경제적 입장과 양립한다. 시장 왜곡은 메리트가 있어도 인종화되고 젠더화된 노동자는 인력시장에 동등하게 접근할 수 없도록 만든다. 반인종 차별주의와 반성차별주의의 입장은 자본 축적과 착취에 필수적인 인종과 젠더 범주의 사회적 구성을 거부하는 정치경제적 입장과도 결합될 수 있다. 개방국경에 대한 다양한 입장과 주장들 사이의 연관성은 개방국경 논쟁의 복잡함을 보여 준다. 그러나 각각의 입장과 주장들은 또한 부분적이고 불완전하다. 그러한 모순은 우리가 이주의 자유에 대한 가능성을 변증법적으로 사고하도록 촉진시킨다.

개방국경에 대한 다양한 논의들과 이 논의들의 복합적이고 다원적인 철학적 바탕은 2장의 주제였던 경계의 모호성을 반영한다. 국경 개념은 다양한 의미를 포함한다. 특정한 맥락에서는 모두 타당하기 때문에, 하나의 주장이 옳다고 해서 다른 주장이 틀렸다고 말할 수는 없다. 더욱이 개방국경에 대한 다른 많은 논의들을 통합적인 틀에 결합시키는 것은 불가능할뿐더러 바람직하지도 않다. 그러나 다양한 정치적, 철학적 스펙트럼에 걸친 입장들이 개방국경과 자유로운 이동에 대한 관념을 지지하고 있다는 점은 강조할 가치가 있다. 편향된 사상이라고 쉽게 폄하될 수 있는 관념이 아니다. 나는 이러한 포괄적인 지지가 개방국경의 강력한 동기가 된다고 생각한다.

그러나 개방국경이 유토피아적인 생각일까? 누군가가 개방국경의 구체적인 결과가 무엇인지 상상하고자 할 때, 그 결과는 놀랍게도 디스토피아적일 수 있다. 국경을 넘나드는 사람들의 자유로운 이동성은 자유시장 디스토피아(free-market dystopia)를 만들어 낼 수도 있다. 복지에 대한 요구가 늘어나는 것에 대한 부담으로 현대 사회의 중요한 업적인 복지 국가가 붕괴될 수도 있다는 것이다. 그 대안으로 이주자들이 국경을 넘는 것은 허용하지만, 이주자들을 복지 권한에서 배제하고 그들의 권리와 시민권을 부정하는 것 또한 끔찍한 건 마찬가지다. 개방국경은 전 세계 노동자의 노동 경쟁을 증가시켜 이주자와 비이주자들을 서로 경쟁하게 하고, 더 낮은 임금과 노동 기준을 받아들이도록 강요할 수도 있다. 개방국경은 이런 식으로 노동자들 사이에 전 지구적 경쟁을 부추길 수 있다(Hiebert, 2003; Samers, 2003). 우리는 "최고 입찰자에게 그들의 부동산을 팔거나 임대하고 싶어 하는 미국 시민들과, 가장 저렴한 노동자들을 고용하고 싶어 하는 미국 사업가들"을 통해서 이미 그런 디스토피아적인 미래를 엿볼 수 있다(Binswanger, 2006). '문화적' 관점에서, 개방국경은 그들의 완전한 '민족 문화(national cultures)'를 지키기 위해 국가 공동체가 이주자들의 시민권 접근을 거부하도록 만들 수 있다(Vasilev, 2015). 더욱이 개방국경은 세계의 경제적 불평등을 해결하려는 노력을 무너뜨릴 수도 있다. 글로벌 남부의 매우 가난한 사람들은 이주할 여유조차 없는 반면 신체 건강하고, 부유하고, 능력 있고, 교육을 잘 받은 사람들은 다른 곳으로 이주해갈 것이기 때문이다. 빈약한 재정과 인적 자원으로 이미 빈곤한 사회는 더욱 고갈될 것이다. 그 결과 개방국경은 가난한 국가를 더욱 가난하게 만들고 이러한 국가들의 발전을 둔화시키거나 심지어 후퇴시키는 (악)순환을 반복하게 만들 수도 있다(Bader, 2005). 이러한 불안한 전망은 개방국경에 대한 요구가 매우 신중하게 다뤄야 할 양날의 검이라는 것을 보여 준다. 이주의 자유에 대한 '유토피아적' 가능성을 향한 경로는 다음 장에서 중점적으로 다뤄질 것이다.

## 참고문헌


Ackerman, Bruce. 1980. *Social Justice and the Liberal State*. New Haven, CT: Yale University Press.

*ACME*. 2003. "Engagements: Borders and Immigration Critical Forum on Empire." *ACME* 2(2): 167-220. Accessed January 27, 2016. http://acme-journal.org/index. php/acme/issue/view/47.

Bader, Veit. 1997. "Fairly Open Borders." In *Citizenship and Exclusion*, edited by Veit Bader. Basingstoke: Macmillan, pp.28-60.

Bader, Veit. 2005. "The Ethics of Immigration." *Constellations* 12(3): 331-361.

Balibar, Étienne. 2004. *We the People of Europe?* Princeton, NJ: Princeton University Press.

BAMF (Bundesamt für Migration und Flüchtlinge). 2015. "Das Bundesamt in Zahlen 2014 Asyl, Migration und Integration." July 27. Accessed January 27, 2016. http://www.bamf.de/SharedDocs/Anlagen/DE/Publikationen/Broschueren/bundesamt-in-zahlen-2014.pdf.

Barry, Brian. 1992. "A Reader's Guide." In *Free Movement: Ethical Considerations in the Transnational Migration of People and of Money*, edited by Brian Barry and Robert E. Goodin, 3-5. New York: Harvester Wheatsheaf.

Basik, Nathan. 2013. "Open Minds on Open Borders." *Journal of International Migration and Integration* 14(3): 401-417.

Binswanger, Harry. 2006. "Open Immigration." *Immigration Daily*. Accessed January 27, 2016. http://www.ilw.com/articles/2006,0329-Binswanger.shtm.

Block, Walter. 1998. "A Libertarian Case for Free Immigration." *Journal of Libertarian Studies* 13(2): 167-186.

Caplan, Bryan. 2014. "The Swamping that Wasn't: The Diaspora Dynamics of the Puerto Rican Open Borders Experiment." *Library of Economics and Liberty*. March 27. Accessed January 18, 2016. http://econlog.econlib.org /archives/2014/03/the_ swamping_th.html.

Carens, Joseph H. 1987. "Aliens and Citizens: The Case for Open Borders." *Review of Politics* 49: 251-273.

Castles, Stephen. 2003. "A Fair Migration Policy-without Open Borders. Open Democracy." Accessed January 27, 2016. http://www.opendemocracy.net/people-migrationeurope/article_1657.jsp.

Clifton, Jon. 2013. "More than 100 Million Worldwide Dream of a Life in the U.S.: More than 25% in Liberia, Sierra Leone, Dominican Republic want to move to the U.S." *Gallup World*, March 21. Accessed January 27, 2016. http://www.gallup.com/poll/161435/100-million-worldwide-dream-life.aspx.

Cole, Phillip. 2000. *Philosophies of Exclusion: Liberal Political Theory and Immigration*. Edinburgh: Edinburgh University Press.

Darder, Antonia. 2007. "Radicalizing the Immigrant Debate in the United States: A Call for Open Borders and Global Human Rights." *New Political Science* 29(3): 369-384.

Fahrmeir, Andreas, Oliver Faron, and Patrick Weil, eds. 2003. *Migration Control in the North Atlantic World*. New York: Berghahn Books.

Gill, Nick. 2009. "Whose 'No borders'? Achieving Border Liberalization for the Right Reasons." *Refuge* 26(2): 107-120.

Gurtov, Mel. 1991. "Open Borders: A Global-Humanist Approach to the Refugee Crisis." *World Development* 19(5): 485-496.

Harvey, David. 2005. *The New Imperialism*. New York: Oxford University Press.

Hayter, Teresa. 2001. "Open Borders: The Case against Immigration Controls." *Capital and Class* 25(3): 149-156.

Hidalgo, Javier. 2014. "Self-Determination, Immigration Restrictions, and the Problem of Compatriot Deportation." *Journal of International Political Theory* 10(3): 261-282.

Hiebert, Daniel. 2003. "A Borderless World: Dream or Nightmare?" *ACME* 2(2): 188-193.

Hobbes, Thomas. 1969 [1651]. *Leviathan*. Menston: Scholar Press.

Huemer, Michael. 2010. "Is There a Right to Immigrate?" *Social Theory and Practice* 36(3): 429-461.

Huerta de Soto, Jesús. 1998. "A Libertarian Theory of Free Immigration." *Journal of Libertarian Studies* 13(2): 187-197.

Isbister, John. 1996. "Are Immigration Controls Ethical?" *Social Justice* 23(3): 54-67.

Johnson, Kevin. 2003. "Open Borders?" *UCLA Law Review* 51(1): 193-265.

Juss, Satvinder S. 2004. "Free Movement and the World Order." *International Journal of Refugee Law* 16(3): 289-335.

Kirigia, Joses M., Akpa R. Gbary, Lenity K. Muthuri, Jennifer Nyoni, and Anthony Seddoh. 2006. "The Cost of Health Professionals' Brain Drain in Kenya." *BMC Health Services Research* 6: 89-99.

Loyd, Jenna M., Matthew Michelson, and Andrew Burrigde. 2012. "Introduction." In *Beyond Walls and Cages: Prisons, Borders, and Global Crisis*, edited by Jenna M. Loyd, Matthew Michelson, and Andrew Burridge, 1-15. Athens, GA: University of Georgia Press.

Mandaville, Peter. 2001. *Transnational Muslim Politics: Reimagining the Umma*. London: Routledge.

McGough, Michael. 2014. "On Immigration, Catholic Bishops Preach Gospel of (Mostly) Open Borders." *LA Times*, April 5. Accessed February 27, 2016. http://www.latimes.com/opinion/opinion-la/la-ol-bishops-immigration-catholic-20140404,0,5200350.story#axzz2zqSYeEu3.

Moore, Stephen. 1991. "Immigration Policy: Open Minds on Open Borders." *Business and Society Review* 77: 36-40.

Morey, Peter and Amina Yaqin. 2011. *Framing Muslims: Stereotyping and Representation after 9/11*. Cambridge, MA: Harvard University Press.

Murphy, Brian. 2007. "Open Migration and the Politics of Fear." *Development* 50(4): 50-55.

Nutt, Harry. 2015. "Willkommenskultur und Selbstüberschätzung." *Berliner Zeitung*, October 2.

Pécoud, Antoine and Paul de Guchteneire, eds. 2007. *Migration without Bor-*

*ders: Essays on the Free Movement of People*. New York: Berghahn.
Preston, Valerie. 2003. "Gender, Inequality and Borders." *ACME* 2(2): 183-187.
Rawls, John. 1971. *A Theory of Justice*. Cambridge, MA: Harvard University Press.
Ray, Julie and Neli Esipova. 2012. "More Adults Would Move for Temporary Work than Permanently: About 1.1 Billion Worldwide Would Move for Temporary Work." *Gallup World*, March 9. Accessed January 27, 2016. http://www.gallup.com/poll/153182/adults-move-temporary-work-permanently.aspx.
Reagan, Ronald and George Bush. 1980. "Primary Debate, Houston, Texas, on 04 April, sponsored by the League of Women Voters." Accessed January 18, 2016. http://www.gettyimages.ca/detail/video/primary-debate-sponsored-by-the-league-of-woman-voters-news-footage/139842485.
Reitz, Jeffrey. 2001. "Immigrant Skill Utilization in the Canadian Labour Market: Implication of Human Capital Research." *Journal of International Migration and Integration* 2(3): 347-378.
Riley, Jason L. 2008. *Let Them In: The Case for Open Borders*. New York: Gotham Books.
Rothbard, Murray N. 1978. *For a New Liberty*. New York: Macmillan.
Samers, Michael. 2003. "Immigration and the Spectre of Hobbes: Some Comments for the Quixotic Dr. Bauder." *ACME* 2(2): 210-217.
Scarpellino, Martha. 2007. "'Corriendo': Hard Boundaries, Human Rights and the Undocumented Immigrant." *Geopolitics* 12: 330-349.
Scherr, Albert. 2015. "Abschiebungen: Verdeckungsversuche und Legitimationsprobleme eines Gewaltakts." In *Kursbuch 183. Wohin Flüchten?*, edited by Armin Nassehi and Peter Felixberger, 60-74. Hamburg: Murmann.
Sharma, Nandita. 2005. "Anti-Trafficking Rhetoric and the Making of a Global Apartheid." *NWSA Journal* 17(3): 88-111.

Sharma, Nandita. 2006. *Home Economics: Nationalism and the Making of "Migrant" Workers in Canada.* Toronto: University of Toronto Press.

Smith, Nathan. 2015. "How Would a Billion Immigrants Change the American Polity?" Open Borders: The Case (Blog), August 14. Accessed January 27, 2016. http://openborders:info/blog/billion-immigrants-change-american-polity/.

Tabarrok, Alexander. 2000. "Economic and Moral Factors in Favor of Open Immigration." *Independent Review*, September 14. Accessed January 27, 2016. http://www.independent.org/issues/article.asp?id=486.

Torresi, Tiziana. 2010. "On Membership and Free Movement." In *Citizenship Acquisition and National Belonging: Migration, Membership and the Liberal Democratic State*, edited by Gideon Calder, Phillip Stoke, and Jonathan Seglow, 24-37. Basingstoke: Palgrave Macmillan.

UNHCR. 2015a. *Mid-Year Trends 2015.* Geneva: UNHCR. Accessed December 21, 2015. http://www.unhcr.org/56701b969.html.

UNHCR. 2015b. *UNHCR Statistical Yearbook 2014, 14th Edition.* Geneva: UNHCR. Accessed December 21, 2015. http://www.unhcr.org/566584 fc9.html.

United Nations. 2013. *International Migration Report 2013.* New York: Department of Economic and Social Affairs, Population Division. Accessed December 21, 2015. http://esa.un.org/unmigration/documents/worldmigration/2013/Full_Document_final.pdf.

van Houtum, Henk. 2010. "Human Blacklisting: The Global Apartheid of the EU's External Border Regime." *Environment and Planning D: Society and Space* 28(6): 957-976.

Vasilev, George. 2015. "Open Borders and the Survival of National Cultures." In *Rethinking Border Control for a Globalizing World: A Preferred Future*, edited by Leanne Weber, 89-115. Florence, KY: Taylor and Francis.

Verlinden, An. 2010. "Free Movement? On the Liberal Impasse in Coping with the Immigration Dilemma." *Journal of International Political*

*Theory* 6(1): 51-72.

Vineberg, Robert. 2015. "Two Centuries of Immigration to North America." In *Immigrant Experiences in North America: Understanding Settlement and Integration*, edited by Harald Bauder and John Shields, 34-59. Toronto: Canadian Scholar's Press.

Walzer, Michael. 1983. *Spheres of Justice: A Defense of Pluralism and Equality*. Oxford: Martin Robertson.

Wilcox, Shelly. 2009. "The Open Borders Debate on Immigration." *Philosophy Compass* 4(5): 813-821.

World Bank. 2015. "Topics in Development: Migration, Remittances, Diaspora and Development." Accessed January 27, 2016. http://go.worldbank.org/0IK1E5K7U0.

–
4장
–

# 유토피아에서 파시빌리아로

유토피아가 존재하지 않는 세계 지도는 잠시 들여다볼 가치도 없다. 인류가 언제나 상륙하는 바로 그 나라를 빠뜨려 놓았기 때문이다. 인류가 그곳에 도착하면 주위를 둘러보며, 더 나은 세상을 찾고, 다시 항해를 시작한다. 진보란 유토피아의 실현이다.

(Oscar Wilde, 1891)

앞선 장에서 국제 이주가 물리적 국경선에서뿐만 아니라, 이주자들이 국경에 도달하기 전에 거쳐 가는 공항, 환승 거점, 그리고 이주자들이 국경선을 넘은 후에 머무는 직장 및 공공 공간에서까지 통제된다는 것이 분명해졌다. 따라서 이주의 자유는 단순히 물리적인 국경을 가로지르는 것 이상의 의미를 지닌다. 또한 이는 사회와 노동 시장의 동등한 구성원으로 참여할 수 있는 능력을 포함하는 국경의 다른 측면들과도 연관된다.

인간의 이동성(mobility)이 자유로운 세상은 하나의 단순한 유토피아가 아니다. 이동성의 자유는 다양한 방식으로 상상될 수 있다. 가령 개방국경(open-borders) 시나리오에서는 영토 국경이 있는 국가들은 계속 존재하고, 모든 사람들이 그 국경을 자유롭게 넘나들 수 있다고 가정한다. 또한 인간의 자유로운 이주는 이른바 무국경(no-border) 시나리오에서도 가능한데, 이름이 암시하는 바와 같이 이는 국경이 전혀 없기 때문이다. 이 시나리오는 기존의 정치적 상황뿐만 아니라 사회가 스스로 조직하는 핵심 사상의 급진적인 변혁을 요구한다. 그러므로 개방국경에 대한 상상은 영토적 특성에 기초한 정부를 확증하는 한편, 무국경에 대한 상상은 국가와 그들의 국경을 완전히 폐기한다. 이 장에서는 개방국경과 무국경 사이의 대화 가능성을 제시한다.

## 유토피아에 대한 주석

**유토피아**(utopia)라는 용어는 그리스어 **에유토피아**(eutopia, **좋은 곳**)와 **오우토피아**(outopia, **어디에도 없는 곳**)의 합성어이다. 토머스 모어(Thomas More, 1997 [1516])는 대서양 변두리 어딘가에 있는 가상의 섬을 묘사하기 위해 "유토피아"라는 용어를 만들었다. 모어는 그의 저서에 유토피아섬(그림 4.1)에 몇 년간 살았던 여행가 라파엘(Raphael)과의 대화를 실었다.

이 섬의 거주자들은 이성의 원칙에 입각하여 당대 유럽의 사회 · 정치 · 사법 · 경제 체제와는 다른 체제의 사회를 건설했다. 유토피아섬의 사회는 종교의 공존을 보장하고 사유 재산을 반대하며 체계적인 근무일을

그림 4.1 유토피아섬(The Island of Utopia), 모어의 책 제1판의 표지 삽화, 1516

출처: Wikimedia Commons

규정했으나 노예제를 지지했다. 모어는 유토피아에 무엇인가 다른 사회의 이미지를 투영함으로써 당시 사회를 비판하는 도구로 사용했다.

모어가 이 용어를 만든 이후, 유토피아라는 먼 세계는 기존의 사회를 비판할 수 있는 강력한 상징으로 기능해 왔다. 20세기 초, 작가 허버트 조지 웰스(H. G. Wells)는 현대 유토피아를 이주의 자유가 뚜렷한 특징인 세계로 묘사했다. 그는 "현대적 사고방식을 가진 사람들에게 오갈 수 있는 최대한의 자유가 없다는 것은 이들이 원하는 유토피아가 아니다. 자유로운 이주는 많은 사람들에게 인생 최고의 특권 중 하나이다"(Wells, 1959 [1905], 34)라고 말한다. 그래서 웰스는 "유토피아의 인구는 지상에는 전례 없는 것으로, 단순히 여행하는 인구가 아니라 이동하는 이주 인구가 될 것이다"(Wells, 1959 [1905], 45)라고 결론지었다. 이주의 자유가 전제된 세계에서 국경은 문제되지 않을 것이다. 이는 유토피아를 구체적으로 표현할 때마다 왜 국경이 문제된 적이 거의 없었는지를 설명할 수 있다(Best, 2003). 오늘날 세계의 국경이 불평등, 불의, 억압의 생산과 강화에 매우 근본적인 존재라는 점을 고려해 본다면, 국경에 대한 관심의 결여는 여전히 의문스럽다.

반면, 국경이 개방된 또는 국경이 없는 세계에 대한 상상은 종종 "유토피아적"인 것으로 치부된다. 비평가들은 일반적으로 진지한 논의 없이 개방국경과 무국경 사상을 노골적으로 일축하는 데에 이를 이용한다. 가령 정치학자 존 케이시(John Casey)는 "전 세계적인 개방국경 정책에 대한 옹호론은 기껏해야 정책과 무관한 망상이자 유토피아로 여겨질 뿐"(2009, 15)이며, "개방국경에 대한 어떤 논의든 '그림의 떡'과 같은 유토피아라고 묵살된다"(42)는 것을 밝혔다. 케이시(2009, 53)는 개방국경을 무시하는 대중의 태도에 관한 일례로 캐나다 신문 글로브 앤 메일

(Globe and Mail)을 인용한다. 이 신문은 국경 간 자유로운 노동 이동성이 "개념적으로 공산주의보다도 더 미친, 유토피아적 정신병원"일 것이라고 주장했다. 유토피아적이라고 칭해진 개방국경 세계는 터무니없는 것으로 여겨진다.

유토피아라는 개념은 정치에서 종종 극단적으로 사용되어 왔다. 예를 들어 19~20세기 사회주의자와 공산주의자의 견해는 무시와 경멸을 받으며 "유토피아적인 것"으로 분류되었다. 칼 마르크스(Karl Marx, 1982 [1848])와 프리드리히 엥겔스(Friedrich Engels, 1971 [1880/1882])와 같은 사회주의 동조자들조차 이상주의적이고 독단적인 개념이라며 유토피아에 반대하였다. 최근 유토피아는 스탈린주의와 나치즘을 포함한 실패한 전체주의 체제와 연관되어 왔다. 미심쩍은 행위들로 인해 유토피아적 사고는 주류 정치 논쟁에서 대부분 자취를 감췄다. 그 대신 오늘날 정치적 논쟁은 상상할 수 있는 유일한 가능성으로 시장 자본주의와 영토로 조직된 국가를 제시한다. "대안은 없다"라는 마거릿 대처(Margaret Thatcher)의 악명 높은 선언은 세계의 지배적인 경제 및 지정학적 질서에 대한 비판이 명백하게 어리석은 일임을 상징하게 되었다.

유토피아는 더 이상 현대 사회를 급진적으로 재고하기 위한 도구로 노골적이게 사용되지 않는다. 대신 유토피아적 사고방식은 기존의 경제적, 정치적 질서를 재확인하는 과학적 공평성을 가장해 나타난다. 가령 경제학자 프리드리히 하이에크(Friedrich Hayek)와 밀턴 프리드먼(Milton Friedman)은 자유시장 유토피아(free-market utopia)에 대해 구상했는데, 여기서 자본주의 기업은 정치적인 간섭으로 왜곡되지 않는다. 대처와 같은 정치 및 경제적 행위자들은 이러한 상상으로 무장해 정치 및 경제 생활에서 자유시장 자본주의를 더욱 공고히 할 수 있었으며,

이는 오늘날 우리가 알고 있는 신자유주의적 자본주의의 발전을 촉진했다(Harvey, 2005).

그러나 유토피아에 대한 사고는 암묵적으로 기존 세계를 뛰어넘는 가능 세계를 상상하는 중요한 역할을 이어가고 있다. 역사철학자 코시모 콰르타(Cosimo Quarta)는 유토피아주의가 인간과 다른 종을 구별하는 인간 본성의 일부라고 제안한다. 그는 유토피아가 인류의 끊임없는 "새로운 가능성에 대한 탐색"(Quarta, 1996, 159)에 기원한다고 주장했다. 특히 대안을 생각하는 것이 비합리적인 것 같은 현재 정치 풍조에서 유토피아라는 가능성을 모색하는 것은 중요하다. 마르쿠스 하벨과 그레고르 크리티디스(Marcus Hawel and Gregor Kritidis, 2006, 8, 저자 번역)가 관찰한 바와 같이, "우리가 먼저 현재의 국경을 개념적으로 뛰어넘을 때에만, 이 국경에 실질적으로 도전하는 데 필요한 힘을 발휘할 수 있을 것이다". 혹은 데이비드 하비(David Harvey)의 표현에 따르면, "유토피아에 대한 상상이 없다면 우리는 우리가 도달하길 원하는 항구가 어떤 곳인지 정의할 방법이 없다"(Harvey, 2000, 189).

그렇다면 우리는 어떤 유토피아를 받아들여야 하는가? 유토피아는 모호한 개념이다. 진보적이고 미래를 지향하는 것이 인간 본성의 한 부분일 수도 있으나, 사람들이 유토피아를 상상하는 방법은 다양하다. 유토피아는 전형적으로 이중적인 역할을 수행한다. 첫째, 동시대의 사회를 비판한다. 여기서 유토피아는 문제시되는 기존의 조건들을 **무효화한다**. 모어(More, 1997 [1516])의 유토피아는 사유 재산 간의 관계를 한탄하고, 그 밖의 정치적 상황 및 사회적 관행을 문제시하며 당시 유럽을 비판하는 역할을 했다. 둘째, 유토피아는 대안적인 이상향의 세계를 정의하는데, 이는 사람들이 서로 어떻게 살아**야 하는지**를 보여 준다. 모어의 유토피아에 대한 서술은 그러한 더 나은 세계를 구체적인 방식으로 그린 전형이다. 모어의 저서에 유토피아를 묘사한 삽화(그림 4.1)가 쓰였다는 사실은 이 대안 세계가 구체적인 것으로 구상되었음을 시사한다. 일부 학자들은 유토피아의 가치가 구체적인 대안 사회의 묘사에 있다는 데 동의한다. 가령 철학자 리처드 로티(Richard Rorty)에 따르면 비판은 목소리를 내는 것만으로는 불충분하며, 구체적인 대안 제시로 이어져야 한다.

> 대안적 실천이 나오지 않는 한, 즉 적어도 개념이나 구분이 쓸모없어질 유토피아를 그려낼 수 없다면, 사회적 관행의 "내부 모순"을 지적하거나 "해체"하는 것은 별 소용이 없다는 것이 내 견해이다.
>
> (Rorty, 1991, 16)

지리학자 데이비드 하비 또한 위계적인 정치 질서와 국가가 통제하는 국경이 허물어진, 혁명 이후의 세계를 그린 유토피아적 꿈에 대해 저술하였다. 이 꿈에서 모든 사람들은 지역과 국가 사이의, 혹은 하비가 구상한 *regionas*와 *nationas* 사이의 이동성을 누린다. 기술 수준의 균형을 맞추고 대규모 두뇌 유출로 인한 지역 경제의 붕괴를 막기 위해 전자 게시판으로 지역 간 사람들의 왕래를 관리하는 것만이 이곳의 유일한 제약이다(Harvey, 2000, 257–281).

그렇지만 우리는 유토피아 구축에 따른 결과를 염두에 두어야 한다. 비판 이론가 테오도르 아도르노(Theodor Adorno)는 유토피아를 "이것은 이렇게 될 것이고, 이것은 그래서 그렇게 될 것이다(so und so wird es sein)"(Adorno and Bloch, 2014)와 같이 구체적인 용어로 표현해서는 **안 된다**고 주장한다. 유토피아를 구체적으로 표현하기 위해서는 사람들에게 이미 익숙한, 기존의 언어와 사고방식에 토대를 둔 개념과 관념들을 사용해야 할 것이다. 고로 이러한 구체적인 유토피아는 우리의 머릿속에 이미 존재하는 이데올로기를 재현하는 경향이 있다(Mannheim, 1952 [1929]). 게다가 구체적인 대안으로서 유토피아를 정의하고 이를 위해 행동하는 것은 또 다른 가능한 미래들, 특히 우리가 이해는 고사하고 아직 표현할 언어와 개념도 부족한 미래들이 자유롭게 전개되는 것을 막는다. 지구를 평평한 원반으로 보았던 석기 시대의 여행자들은 아마도 그들이 지구가 끝나는 낭떠러지에 결코 다다를 수 없다는 것을 이해할 수 없었을 것이다. 마찬가지로, 중세 유럽의 왕도 현대 민주주의 개념과 영토적으로 정치를 조직하는 관행이 아직 존재하지 않았으므로 현대 민주주의 국가를 상상하지 못했을 것이다. 같은 맥락에서 우리가 현재 사용할 수 있는 단어와 개념으로는 미래를 설명할 수 없다. 따라서 아도르노(Adorno, 1966)와 같은 이론가들은 비판은 부정(否定)의 단계에 머물러야 한다고 제안하는데, 이는 어떤 것들이 어떻게 달라져야 하는지를 정의하지 않은 채 되어선 **안 되는** 것을 지적하는 것이다. 비판을 구체적인 대안으로 옮기는 어떤 시도든 하나의 이데올로기적 실천일 뿐이다. 비판은 오직 부정일 때에만 모든 대안적 가능성에 열려 있을 것이다.

## 부정과 가능성

개방국경과 무국경에 대한 요구는 출생, 시민권, 혈통, 인종, 부에 따라 사람들을 구별하는 기존의 국경 규제 및 국경 관행에 대한 매우 중요한 비판이다. 앞장에서 검토했던 개방국경에 대한 다양한 논의들은 이주나 거버넌스의 대안적인 모델을 개발하지 않은 채 이주 규제 폐지를 요구한다. 다시 말해, 개방국경에 대한 요구는 폐쇄적이고 통제된 오늘날 국경의 조건들을 **무효화한다**. 이러한 요구들은 대안 세계를 제시하지 않으므로 전통적인 의미에서의 유토피아가 아니다. 그들은 사람들이 어떻게 함께 살아야 하는지, 혹은 사회가 어떻게 이주의 자유를 달성하기 위해 통치되어야 하는지에 대한 특정한 환경을 정의하지 않는다. 오히려 그들은 그저 이주의 자유에 대한 현재의 제약을 비판하고 거부한다.

개방국경에 대한 자유주의적 입장을 대변하는 정치학자 조셉 캐런스(Joseph Carens)는 국경 통제에 대한 그의 과감한 비판이 어떤 특정한 방식으로의 구현을 위한 의도는 아니라고 강조한다. 경제학자 존 이스비스터(John Isbister)와의 대화에서 그는 다음과 같이 기술한다.

> 개방국경에 대한 논쟁의 의도가 현 정책이나 가까운 미래에 대한 구체적 권고는 아니다. 대통령, 총리 또는 행정가 및 입법가들에 대한 조언을 위한 것도 아니다. 그보다는 오히려 우리가 살아가는 세계, 따르고 있는 제도, 부유한 산업국가에 살고 있는 사람들의 사회적 상황에서 발견되는 도덕적 결함의 구체적 특징에 대한 어떤 것을 우리에게 드러내는 직관적(heuristic) 기능을 수행한다.
>
> (Carens, 2000, 643)

캐런스(Carens, 2000, 637)는 더 나아가 국경 통제가 현 세계에 안기는 불의에 대한 "당혹감이나 충격으로 1~2세기 안에 사람들이 우리 세계를 돌아보게 될 것이라고 상상한다(아니면 적어도 바란다)"라고 말한다. 캐런스는 최소한 이 논문에서는 자유주의에 대해 내부적인 비판의 목소리를 내고 있으며, 개방국경의 미래가 구체적으로 어떨 것이라는 추측을 자제하고 있다. 이렇게 개방국경 논의는 부정(否定)으로 남아 개방국경의 미래가 전개될 방식을 열어둔다.

개방국경 관점과는 반대로, 무국경 관점은 페미니스트, 반인종주의, 반제국주의적 학문 및 행동주의의 전통을 따른다. 이 관점은 국경을 전면적으로 반대하며 국경으로 정의된 영토 국가 또한 반대한다. 무국경 옹호자들은 국가와 국경을 억압의 원천으로 본다(Alldred, 2003). 국경은 우선 "이주자", 즉 국경을 횡단한 사람이라는 범주를 만들었다. 국경이 없는 세계에서는 일을 열심히 하며 온순한 "착한" 이주자, 망명할 만한 계기가 없는 "나쁜" 난민, 또는 우리가 힘들게 얻은 부를 훔쳐가는 "경제 이주자"와 같은 꼬리표는 없을 것이다. 무국경의 입장에서는 국경에 의해 형성되고 부과된 이런 꼬리표를 거부한다. 행동주의 학자 브리짓 앤더슨과 그녀의 동료들(Anderson et al., 2009, 6)은 "국경에 대한 어떤 연구이든 그것들이 철저히 이데올로기적이라는 인식에서 출발할 필요가 있다"라고 설명한다. 이데올로기로서 국경은 2장에서 설명한 인구 통제, 노동 착취, 국가 차원의 구분에 대한 관행을 정당화한다.

개방국경과 무국경에 대한 요구는 국경 통제와 이주의 자유에 대한 규제를 오늘날 가장 크고 치명적인 문제로 규정한다. 이러한 통제와 규제는 동등한 개인들을 불평등하게 대우하며, 자유시장을 왜곡한다. 또한 노동 착취를 촉진하고 인종과 젠더에 따른 억압을 강요한다. 이렇듯 개방국경과 무국경을 촉구하는 것은 폐쇄적이고 통제적인 국경과 그 국경의 관행이 만들어 내는 부자유, 불평등, 사회적 불의, 억압이라는 현 시대의 조건들을 무효화한다. 그러나 현재 국경 관행과 국경에 대한 이러한 거부가 대안 세계의 구체적인 청사진과 반드시 연관된 것은 아니다.

그러나 순수한 부정(否定)으로서, 개방국경과 무국경 시나리오는 제약 없는 인간의 이주가 발생할 조건에 대해서는 일절 언급하지 않는다. 그들은 이주가 어떻게 규제되어야 하는지, 주권이 어떻게 행사되어야 하는지, 노동 시장이 어떻게 관리되어야 하는지, 사람들이 어떻게 영토 공동체의 구성원이 되어야 하는지에 대해 말하지 않는다. 순수한 부정으로서, 이주의 자유라는 "꿈"은 무형의 상태로 남아 있다.

어떻게 유토피아적 사고가 여전히 유의미한지를 설명하기 위해 철학자 에른스트 블로흐(Ernst Bloch, 1985 [1959])를 불러와 보자. 그는 "가능성(the possible)"을 누군가가 염원하는 단일한 조건이 아니라, 현존하는 환경과 "아직(not-yet)" 존재하지 않는 환경을 포함하는 다차원적 범주로 이론화하였다. 블로흐의 작업을 통해 특히 다양한 가능성의 "층위들"을 모색할 수 있다. 그중 재미있는 한 층위는 "사실과 같은 물질 기반의 가능성(fact-like object-based possible, *sachhaft-objektgemäß Mögliche*)"인데, 명확성과 가독성을 위해 이것을 "우연적 가능성(contingently possible)"* 으로 부르고자 한다. 이는 특정 조건이 충족되었을 때 가능한 어떤 것을 의미한다. 이러한 가능성은 이를 가능하게 할 "외부" 조건들뿐만 아니라, 그 가능성을 발휘할 수 있는 "내부" 능력을 요구한다. 블로흐는 그가 의미한 것을 설명하기 위해 다음의 예시를 든다. 개

* 역주: 철학적 용어로 우연성(Contingency)이란 참도 아니고 거짓도 아닌 상태를 말한다. 즉 존재할 수도 있고 존재하지 않을 수도 있는 것이며, 필연성으로 있는 존재가 아니라 불가능성까지 포함한다는 점에서 가능성과는 반드시 같다고 볼 수 없다. 그러나 블로흐에게 영향을 준 헤겔(Hegel)은 우연성을 자기 바깥에 있는 존재방식으로 있는 가능성과 현실성의 통일이라고 주장했으며, 이러한 우연성이 세계에서 전개되는 현상 자체가 필연적이라고 보았다.

화하는 꽃은 열매가 될 수 있는 내부 능력이 있지만, 이는 적절한 날씨와 기후라는 외부 조건이 갖춰졌을 때만 가능하다. 이 책의 주제와 더 잘 어울리는 또 다른 예로, 이주의 자유, 평등, 그리고 사회적 정의를 제공하는 내부 능력을 지닌 사회는 영토 국가라는 외부 조건 아래 있다는 것을 들 수 있다. 날씨 및 기후와 마찬가지로 영토 국가는 현존하는 조건이며, 고로 상상 가능한 조건이다. 그러나 모든 필요조건이 충족되었을 때 꽃이 열매가 되는 과정이 필연적이고 예측 가능한 결과인 생물학과는 달리, 인간세계에서 가능성의 성취는 정치적 활동이다. 이것은 내부 능력과 외부의 물질적 조건 사이를 중재하는 창의성을 요구한다. 즉 우연적 가능성의 달성은 인간의 참여를 수반하는 변증법적 과정이다.

블로흐는 우연적 가능성의 층위를 그가 "객관적으로 실재적인 가능성(objectively-real possible, *objektiv-real Mögliche*)"이라고 부르는 것과 구분한다. 이 맥락에서 '실재적'이라는 단어는 우리가 사는 실제 세계를 의미하지 않는다. 오히려 구체적인 정치 체제와 같이 특정한 측면들로 환원할 수 없는 가능 세계(possible world)를 가리킨다. 나는 이 층위를 "파시빌리아(possibilia)"라고 부를 것이다. 내가 파시빌리아라는 용어를 사용하기로 한 이유는 이 단어가 언어적으로 유토피아(utopia)와 가능성(possibility)을 연결한 것이기 때문이다. 내가 아는 한 이 단어는 보통은 이렇게 쓰이지 않았고, 이주와 국경에 대한 오늘날의 논쟁에 적용된 적도 없다. 이 용어는 철학에서 때때로 거짓이거나 존재하지 않는 것이므로 거부될 수 있는(Nute, 1998; Marcus, 1975-1976), "실현되지 않은 아상블라주(assemblages), 거짓이지만 일관된 과학적 이론, 혹은 미완성된 계획이라는 대상"(Voltolini, 1994, 75)을 가리킨다. 나는 블로흐의 아이디어와 좀 더 가까운 의미로 파시빌리아를 사용한다. 내게 파시빌리아는 가능한 사회공간적 관계의 총체를 포괄한다. 이는 정치·사회·경제적 환경이 현재와는 달라지고, 사람들이 세계를 지금과는 달리 생각할 것이라 가정한다는 점에서 우연적 가능성과는 다른 개념이다. 따라서 파시빌리아는 아직 존재하지 않는 조건하에 발생하는 세계이자, 아직 발견되지 않은 방식으로 세계를 상상하는 것을 의미한다(Bloch, 1985 [1959], 274-275).

가능성의 두 층위가 지닌 차이점을 설명하기 위해 이전 사례로 돌아가 보자. 씨앗에는 적절한 조건이 충족되면 열매를 맺을 것이라는 유기체의 유전적 청사진이 이미 담겨있다. 마찬가지로 영토 국가 모델은 자유 헌법, 민주적 선거, 정치적 참여의 가능성, 부패하지 않은 관료제, 공정하고 정의로운 사법 체계와 같은 특정 환경에서, 시민들에게 일정 수준의 자유, 평등, 정의를 보장하는 능력을 지니고 있다. 반면, 파시빌리아는 현존하는 청사진에 기대지 않는, **열린** 미래를 보여 준다. 파시빌리아는 오히려 아직 존재하지 않으며 오늘날 우리가 세계를 이해하는 방식과 개념으로는 미처 상상할 수도 없는 조건과 실천에 기초한다.

## 우연적 가능성으로서의 개방국경

아마도 많은 독자들은 영토를 기반으로 한 국가의 지위(territorial statehood)가 지배적인 정치의 조직 원리가 아닌 세계를 상상하기 어려울 것이다. 따라서 이 절에서는 국경을 개방한 영토 국가의 우연적 가능성에 대해 탐색해 볼 것이다. 즉 국경의 존재에 의문을 품기보다는 국경이 개방되었다고 가정한다. 이는 또한 영토 국가나 공동체 관념이 없는,

현존하지 않는 정치 질서를 상상하거나 혹은 이에 대해 현재 우리의 사고방식에서 벗어나 말하기를 당분간 자제한다는 의미이다. 앞으로도 계속 영토 국가가 지배적인 정치 조직 원리이며 공식적 시민권이 그 영토 국가의 공식적 구성원을 규정할 것이라고 가정해도 무리는 아닐 것이다. 실제로 무엇이든 이 가정에서 벗어나는 것은 대체로 비현실적이라 여겨진다. 물론 민족(nations)과 국가(states)가 영토를 소유한다는 것이 시베리아 호랑이나 특정 곤충 종이 영역을 주장하는 것처럼 "자연스러운" 것은 아니다. 오히려 자주적인 영토 국가는 국가와 민족을 영토라는 담지체(container) 안에 지난 수세기 동안 서서히 융합시킨 역사적 과정의 결과이다(Sassen, 2006). 이 영토 국가는 이제 우리의 지정학적 상상력에 매우 깊게 뿌리박혀 영토 국가가 아닌 세계 질서를 상상하는 게 불가능해 보인다. 심지어 민족국가에 도전하는 것으로 생각되는 글로벌화 또한 영토 국가에 의해 조직되어 왔다(Passi, 2009).

앞서 설명했던 우연적 가능성에 대한 예시를 떠올려 보자. 우리는 자유, 평등, 정의라는 '내부' 능력을 가진 '외부' 프레임으로 영토 국가와 공식적 시민권을 생각할 수 있다. 그러나 현재 국경 통제와 공식적 시민권에 대한 선별적 접근성은 이러한 잠재력을 성취하는 데 주요 장벽이 된다. 그래서 우리가 물어야 할 질문은 다음과 같다. 개방국경에 대한 개념이 어떻게 구현되어야 국가가 그 내부 능력을 발휘할 수 있을까?

개방국경 시나리오를 명확히 표현하려는 구체적인 시도가 있었다. 오스트리아 마르크스주의자인 오토 바우어(Otto Bauer)는 사회주의적 개방국경에 관한 구상을 제시했다. 마르크스주의자인 바우어는 유토피아를 반대하였고, 대신 자신의 상상이 "판타지"가 아니라 과학적 근거와 "냉철한 평가"에 기초한 것임을 강조하였다(Bauer, 1907, 521). 그의 관점에서 국제 이주는 "이주에 대한 의도적인 규제로 인해 발생하며, 규제들은 이주자를 노동자의 증가로 인해 노동생산성이 배가되는 곳으로 유인한다"(Bauer, 1907, 515, 저자 번역). 국가는 더 이상 국익에 따라 노동력의 흐름을 통제하지 않을 것이며, 국가의 여러 집단들은 현재 그들의 영토를 떠나 국경을 넘어 이동할 수 있을 것이다. 바우어의 견해에 따르면, 국적은 사회주의 사회에서의 합리적 조직 원리이다. 이 원리는 "자본주의라는 댐이 무너지는 순간 모든 전통적 이데올로기를 쓸어버릴 것"(Bauer, 1907, 511, 저자 번역)이다. 바우어(1907, 520)는 더 나아가 이 사회주의 세계에서 국가 구성원들이 더 이상 개인으로 이주하지 않을 것이라고 설명한다. 오히려 그들은 이주자들의 문화적·사회적·경제적 권리를 보호하는 합법적 집합의 독립체(corporate-legal entity, *öffentlich-rechtliche Körperschaft*)의 신분으로 이주할 것이다.

우리는 바우어가 오스트리아-헝가리 제국의 입장에서 미래 사회주의 세계를 상상했다는 것을 기억해야 한다. 이러한 상상은 민족주의로 인해 유럽과 그 외의 세계 곳곳이 파괴된 양차 세계대전이라는 재앙에 앞서 일어났다. 바우어는 사회주의적 시각에서 국적의 원리가 지배하는 것을 역사적 필연으로 본다. 이 원리의 결과로서 국민 국가들(nations)은 국가 영토 내에서 이주의 자유를 갖는다. 대단히 중요하면서도 내가 문제적이라고 생각하는 이 국적의 원리는 정치적, 사회적 조직에 대한 다른 가능성과 국경 간 이동성을 배제한다.

구체적인 개방국경에 대한 또 다른 상상은 자유시장의 원리를 따른다. 25여 년 전 사회학자 루스 레비타스(Ruth Levitas, 1990, 186-187)는 "신자유주의적 뉴라이트(neo-liberal New Right)"가 구상한 유토피아 사회란 개개인이 국가의 개입 없이 노동 시장에서 자유롭게 경쟁하는 사회임을 알게 되었다. 개방된 국경이라는 조건에서 시장원리는 자유롭게 전개될 수 있으며, 노동자, 고용주, 사회 전체의 효용성을 극대화할 수 있다. 국적 원리를 옹호하는 바우어의 상상인 미래 사회주의 세계와 유사하게, 이러한 자유시장 유토피아는 시장 외의 어떤 규제 원칙도 허용하지 않으며, 따라서 개방국경 세계의 대안적인 가능성을 인정하지 않는다. 오히려 바우어의 사회주의 유토피아와 자유시장 유토피아는 현존하는 매우 문제적인 이데올로기를 재현한다.

물론 우연적 가능성으로서 개방국경에 대한 구체적인 상상은 기존 개념과 사고방식, 특히 영토 국가 개념과 특정한 조직 원리에 의존한다. 만약 국경이 개방되고 그로 인해 모두가 자유로이 영토 국가에 진입할 수 있게 된다고 가정한다면, 중요한 질문이 뒤따른다. 국가가 이주자에게 권리와 시민권으로의 접근을 차단하므로 그들에 대한 배제가 지속되는가? 현재 상황에서는 그렇다고 볼 수 있다. 만일 국가가 "당신은 국경을 넘을 수는 있지만 우리의 법에 의해 보호받지 못하거나 우리의 복지 제도 또는 정치생활에 참여할 수 없다"라고 말한다면, 개방국경은 이주자들이 시민에게 복종하는 카스트 사회를 효과적으로 구축할 것이다. 이주의 자유에 반대한다고 주장했던 마이클 왈저(Michael Walzer, 1983, 52-61)조차도 외국인 주민들이 정치적 의사결정 과정에 포함되어야 하며, 그렇지 않으면 결국 독재에 이르게 될 것이라고 인정한다. 그러나 현재의 이주 정책과 국경 관행은 종종 이주자와 시민 사이의 이런 차이들을 명확히 확립하기 위해 만들어진다. 가령 초청 노동자(Guest worker program)나 단기 외국인 노동자 프로그램(Temporary foreign worker program)*은 이주자에게 동등한 권리를 부여하지 않는다. 이밖에 공식적으로 입국을 거부하는 법은 실질적으로 국제 이주를 막는 것이 아니라 이주자들이 국경을 넘은 이후에 그들을 불법화하는 데 기여할지도 모른다. 두 경우 모두 이주자와 시민 사이의 카스트적인 차이를 초래한다는 것이다.

그럼에도 불구하고 누군가는 현재의 국가들이 적어도 올바른 방향으로 가고 있다고 주장할 수 있다. 어쨌든 대부분의 국가들이 이주자에게 그들이 거주하는 국가의 공식적인 시민권이 없을 경우에도 일련의 기본권을 부여하는 국제법을 준수하고 있다. 그러나 실제로 이주자들은 이러한 권리를 주장하기 어려운 취약한 위치에 있다. 가령 불법 이주자들은 그들이 추방당할 수 있으므로 미지급 임금을 받기 위해 경찰에 신고하거나 고용주를 고소하지 못한다. 여전히 누군가는 외국인이 일단 **합법적인** 경로로 접근한다면 권리와 자격을 획득할 수 있다고 주장할 수 있다. 사회학자 야세민 누호울루 소이살(Yasemin Nuhoğlu Soysal, 1994, 12)은 유럽의 이주자에 대한 연구에서 국가의 공식적 시민권은 "더 이상 개인의 권리와 특권을 결정하는 주된 요인이 아니다"라고 밝혔다. 오히려 개인의 인간성이 권리에 접근할 수 있는 기회를 제공한다. 그녀의 연구는 비시민(non-citizen)** 이주자들이 국가 사회 보장 및 고용 보험 제도에 기여하고, 국가 공동체에 여러 가지 방식으로 참여함으로써 어떻게 사회적·경제적·정치적 권리를 거주를 통해 얻을 수 있는

* 역주: 일반적으로 노동력이 부족한 저숙련 농업 및 제조업 등의 산업부문에서 탄력적인 노동력 수급을 위해 외국인을 일시적으로 고용하는 제도이다. 초청 노동자와 단기 외국인 노동자는 계약 기간 동안의 거주와 임금 노동을 보장받는다. 계약이 만료되면 다시 본국으로 돌아가야 하므로 영구적인 이민자(permanent immigrants)라기보다는 단기 노동력으로 여겨진다.

** 역주: 시민(citizen)은 국가와의 실질적인 관계를 국가로부터 인정받은 자들로, 시민권은 그 나라에서 태어나거나, 그 나라의 시민권자인 부모에게서 태어나거나, 귀화하거나, 또는 이들의 조합으로 취득될 수 있다. 비시민(non-citizen)은 거주국의 시민권을 소유하고 있지 않은 자들이다. 비시민에는 영주권자, 이민자, 난민, 망명 신청자, 유학생, 임시 방문자, 무국적자 등 다양한 이주자들이 포함될 수 있다(OHCHR, 2006).

지 보여 준다. 그녀는 독일의 터키인을 사례로 요지를 전개한다. 그러나 이 경우 이주자들은 우선 초청 노동자 프로그램을 통해 엄선된 후에 일련의 수습 기간을 거쳐 단계적으로 거주와 고용이라는 난관을 극복하고 나서야 추가적인 권리를 얻을 수 있었다. 미국에서 또한 이주자들은 "적은 것에서 더 많은 것으로의 점진적 과정"(Bisniak, 2007, 291)의 형태로 차츰차츰 권리를 받는 경향이 있었다. 이러한 수습 기간 동안 이주자들은 여전히 취약하다.

시민권은 대단히 국가 재량에 달린 문제이다. 이주자들은 귀화를 위해 국가가 결정한 특정 자격 기준을 충족해야 한다. 가령 미국의 경우, 외국인 영주권자들은 귀화 자격을 얻기 전에 5년의 기간을 대기해야 한다. 그렇다고 해서 그 이후에 무조건 시민권을 받을 수 있는 것은 아니다. 신청자들은 반드시 "선한 도덕성"을 입증해야 하는데, 담당관은 미국 국토안보부(US Department of Homeland Security, 2015)의 지시에 따라 교육, 고용 기록, 가족 관계, 배경과 같은 요소 외에도 지원자가 범죄기록이 있는지, 대기 기간을 준수했는지, 법을 지켰는지, 공동체와 연관되어 있는지 등의 여부를 기반으로 평가하게 된다. 단기 체류 외국인과 신분이 없는 거주자는 절대로 귀화 대상이 될 수 없거나, 자격이나 권리를 확장할 수 없을 것이다. 그들은 공동체의 일부분일 수 있으나 정치에서는 제외된다. 개방국경 시나리오에서 불평등, 불의, 억압의 문제들은 이주자이든 아니든 모든 거주자들이 그들의 출생지, 혈통, 신분, 체류 능력과 무관하게 권리와 자격에 대한 동등한 접근권을 가지고 있는 경우에만 해결될 수 있다. 그래야 거주자들은 더 이상 시민권 취득에 부적격한 이주자, 임시 신분의 영주권자, 시민권이 있는 거주자와 같은 지위에 기반해 법적으로 구별되거나 달리 대우받지 않을 것이다.

최근에 국가들은 세세하게 보완된 법과 선별 및 배제의 실천을 바탕으로 이주자에게 권리와 시민권을 부여하거나 거부한다. 개방국경의 세계에서 이주자와 원주민의 동등한 권리 및 시민권의 확대는 평등과 정의, 억압으로부터의 자유에 대한 우연적 가능성을 실현할 중요한 단계가 될 것이다. 그러나 이것은 단지 하나의 단계일 뿐이다. 평등, 정의, 억압으로부터의 자유를 향한 여정을 마치기 위해서는 파시빌리아를 추구해야 한다.

## 파시빌리아로서의 무국경

영토 국가들이 국경을 개방할 경우 발생할 수 있는 모순들을 살펴보는 것으로 이 절을 시작하고자 한다. 한 가지 모순은 개방국경 시나리오가 현재 지정학적 질서의 바탕인 베스트팔렌 영토주권 모델에 도전한다는 것이다. 2장에서 국경의 한 측면을 주권 행사를 위한 국가의 도구라고 설명한 바 있다. 국제 무역, 재정 정책, 국제 분쟁을 통제하는 각 국가의 힘이 감소하고 있다는 점을 고려하면, 국제 이주를 규제하는 국가의 힘은 "주권의 마지막 요새"(Dauvergne, 2007; 2008)라고 불릴 정도다. 자유로운 국경 간 이동성은 주권 국가가 그들이 주권자라는 이유로 가지고 있다고 주장하는, 이주를 통제하는 이 법적 권리를 인정하지 않을 것이다. 현재 국가 주권에 대한 이해는 개방국경이라는 발상과 양립할 수 없는 듯하다.

또 다른 모순은 개방국경 시나리오가 국경이 만들어 낸 구분에 구조적으로 의존하는 글로벌 자본주의에 근본적으로 도전할 것이라는 점이다.

취약하고 착취 가능한 저임금 노동력을 글로벌 남부 국가로 가둬버리는 국경의 도움으로, 국제적 기업과 회사들은 적은 비용으로 상품과 서비스를 생산할 수 있으며 기록적인 이익을 챙길 수 있다. 만약 이 노동력이 국경을 넘어 글로벌 북부의 경제로 진입하게 되더라도, 국경 관행은 이 많은 노동자들을 여전히 취약하고 착취 가능한 상태로 머물게 한다. 간단히 말해, 국경은 글로벌 자본주의에 필수적인 국제적인 노동 분화를 강제한다(Piore, 1979; Cohen, 1987; Bauder, 2006).

정치권력의 지리적 스케일이 변화하고 있음에도 정치는 여전히 본질적으로 영토적이다. 단순히 영토의 스케일을 조정하는 것만으로는 모든 사람들에게 더 큰 이주의 자유를 주지 못한다. 가령 유럽연합(European Union), 유로존(Eurozone), 솅겐 지역(Schengen Area)으로 대표되는 새로운 스케일의 유럽은 내부적으로 국경을 개방하여 유럽연합 시민들이 이동의 자유와 함께 어떤 회원국에서든 거주 가능한 권리를 지니도록 한다. 회원국에서 그들은 일할 수 있고, 지방 자치 투표가 가능하며, 그들의 국적에 따라 차별받지 않을 수 있다. 그래서 최근 유럽의 재정 위기 상황을 보면, 그리스, 이탈리아, 스페인의 유럽 시민들은 경제 호황을 맞은 독일로 이주함으로써 사실상 독일인과 동등한 거주권과 노동 시장에서의 권리를 가지고 자국의 높은 실업률과 복지 제도의 해체에 대응하고 있다. 유럽 내 이주의 자유는 공유된 유럽성(European-ness)*을 강조하는 정체성 정치와 일치한다. 독일 정치 및 언론 토론에서, 그리스, 이탈리아, 스페인에서 온 이주자는 소속이 없는 외국인의 이미지를 대

* 역주: 유럽인으로서의 공통된 성질이나 특성으로, 유럽 정체성이라고도 말할 수 있다. 이는 "하나의 공동체로서 유럽이 존재한다는 의식, 그리고 이러한 공동체에 자신이 속하며 공동체의 정치적 사회적 문화적 특징들을 다른 유럽인들과 공유한다는 주관적인 의식"이다(조홍식, 2006, 2).

체로 벗어 왔으며, 현재는 독일의 언론이나 정치에서 소속이 의심되지 않는 동료 유럽 시민으로 여겨지고 있다(Bauder, 2011). 그러나 동시에 유럽의 외부 경계는 강화되었다. 특권이 없는 "제3세계" 국민들은 입국이 거절되는 반면, 특권을 부여받은 비유럽 국가의 국민만이 유럽에 출입할 수 있다. 2000년대 이래로 유럽으로 가던 중 사망하거나 실종된 3만 명 이상의 이주자들(1장 참고)이 바로 강화된 유럽 외부 경계가 야기한 섬뜩한 결과이다. 만약 비유럽 이주자들이 단기 이주자, 난민 또는 불법 이주자의 신분으로 국경을 넘는다면, 그들은 일반적으로 시민권을 가질 자격이 없고, 동등하지 않은 존재로 취급되며, 종종 차별과 착취를 경험하게 될 것이다. 유럽 내 국경의 개방은, 이주의 자유에 대한 거부와 국경 관행에서 비롯된 불평등, 불의, 억압을 단지 다른 스케일로 대체해 왔을 뿐이다. 치명적이고 억압적인 국경 관행의 이러한 스케일 조정을 막기 위해, 개방국경 시나리오는 전 세계적으로 적용되어야 한다.

그러나 국경을 개방한 세계가 평등, 정의, 억압으로부터의 자유를 보장하지 않을 수도 있다. 오히려 정반대일 수 있다. 개방국경은 자유시장이라는 조건하에 지금까지 국경 통제와 이주 규제로 인해 제약되어 왔던 자본주의의 잔혹한 힘을 완전히 발휘할 수 있다(3장 참고). 이러한 조건에서 개방국경은 글로벌 노동력 경쟁을 증가시켜 이주자와 원주민 노동자들이 서로 경쟁하게 함으로써 임금을 낮출 것이다(Bauder, 2006). 개방국경은 또한 이주자들이 기여하지 않은 공공 자원에 접근가능하게 함으로써 국가 복지 제도에 혼란을 일으킬 수 있다. 글로벌 북부의 국가 복지 제도는 이미 자유시장과 작은 정부 개혁이라는 공격에 수십 년간 견뎌 왔는데, 개방국경 시나리오에서 끝내 붕괴될 수도 있다. 경제학자 밀턴 프리드먼은 이주자들이 불법화되지 않고 법적으로 복지 혜택에 대한 접근이 거부되지 않는 한, 자유 이주와 복지국가는 동시에 실현될 수 없다고 날카롭게 지적하였다(Friedman, 2009). 경제지리학자 마이클 새머스(Michael Samers)는 자유시장 상황에서 개방국경 세계는 소수의 권력자에 의해 자본이 자유롭게 축적되고 다수의 노동력이 자유롭게 착취되는 "신자유주의 유토피아"(Samers, 2003, 214)와 유사할 것이라고 덧붙인다. 새머스의 동료 지리학자인 대니얼 하이버트(Dan Hiebert, 2003, 188-9)의 말에 따르면, "이주 규제가 특권에 대한 보호에서 비롯되나 이러한 규제를 제거한다고 해서 특권이 끝나지는 않을 것이다. … 이러한 노력은 거대한 이점만큼 거대한 피해를 쉽게 불러올 수 있다". 변증법적 모순으로 인해, 평등, 정의, 자유를 약속하는 개방국경 세계 또한 부정(否定)이라는 잠재력을 품고 있다.

새머스와 하이버트가 말한 디스토피아를 막기 위해서는 현재 자본주의 구조의 변혁이 필요하다. 그런 세계는 파시빌리아의 영역에 있다. 이 영역은 또한 현재 영토를 기반으로 한 정치 조직과 소속(belonging)의 변화를 수반하며, "무국경"이라는 요청에 대한 응답이다.

"국경 철폐, 국가 철폐(no border, no nation)"라는 슬로건은 그래피티의 형태로 유럽과 북아메리카 전역의 기차, 건물, 다리를 장식하고 있다. 이 슬로건은 종종 이주의 자유를 무국경을 요구하는 주장과 연결하여 "국경 철폐, 국가 철폐, 추방 금지(no border, no nation, stop deportation)"나, 그림 4.2처럼 기존의 정부 구조를 뛰어넘는 세계에 대한 요청과 무국경 요청을 연관 지어 "국가 철폐, 국경 철폐, 법과 질서에 대한 투쟁(no nation, no border, fight law and order)"과 같은 시위 구호로 확장되기도 한다. 무국경을 주장하는 사람들에게 문제는 국경이 "다양한 국가 지위를 부여받은 사람들 사이의 깊은 분열과 불평등을 기반

그림 4.2 독일 프라이부르크의 국가 철폐, 국경 철폐 그래피티, 2015

출처: 저자 직접 촬영

으로 한 특정 종류의 관계를 보여 주는 흔적"(Anderson et al., 2009, 6)이라는 것이다. 즉 국경은 사람들의 권리를 보장하거나 거부하는 정치적 범주를 "구성하는" 요소이다(Mezzadra and Neilson, 2013, xi).

따라서 무국경 정치는 사람들이 국경이 그들에게 부과한 비시민, 이주자, 난민이라는 꼬리표에 저항할 때 일어나는 투쟁에 초점을 맞춘다. 산드로 메자드라와 브렛 닐슨(Sandro Mezzadra and Brett Neilson, 2013, 13-14)에 의하면 이러한

> 국경 투쟁은 새로운 정치적 가능성의 지평을 열며, 그곳은 시민권 논리에도, 급진적 정치 조직과 행동이라는 확립된 방식에도 복종하지 않는 새로운 종류의 정치적 주체들이 그들의 운동을 따르며 힘을 증대시킬 수 있는 공간이다.

브리짓 앤더슨과 그녀의 동료들에 따르면(Anderson et al., 2009, 6), 무국경에 대한 요구는 "사람들의 이동성을 규제하는 국가의 주권적 권리에 대한 도전이며, '사회'에 대한 새로운 아이디어이자, 국가 프로젝트로 확인되지 않는 새로운 사회적 행위자를 생산하는 것을 목표로 하는 새로운 종류의 해방 프로젝트를 암시한다". 이러한 무국경 프로젝트는 영토 국가의 공식적 시민권과 국가 정체성을 넘어선 소속개념을 추구한다.

이미 시민권은 탈국가화된 것으로 이해할 수 있다(Bosniak, 2000). 어떤 사람들은 스스로를 "세계 시민"으로 생각할 수 있고, 다른 사람들은 도시, 마을, 지역 또는 다른 영토적이거나 비영토적인 용어로 그들을 정체화할 수도 있다(Holston, 1999; Isin and Nielson, 2008; Isin, 2000).

그러나 소속에 대한 대안적인 개념은 여전히 비구성원을 배제하며 계속해서 차별과 불평등의 원천이 될 수 있다. 시민권 개념을 포함하여, 세계를 이해하는 전통적인 방식으로는 무국경 정치의 목표를 달성하는 데에 충분하지 않을 것이다. 미래의 어느 시점에서 세계 문명은 오늘날 예견할 수 없는 방식으로 "지구 표면에서 사람들의 자유롭고 개방적인 이동권이 인간의 기회 구조에 기초라는 것"(Nett, 1917, 218)을 '발견'할 수도 있다. 이 미래의 세계 문명은 사회적, 정치적 관행이 이동의 자유를 요구하기 때문에 이를 지지할 수도 있다.

한편, 무국경의 요구를 무비판적으로 수용하지 않도록 주의해야 한다. 급진적 변혁은 언제나 원치 않은 결과를 초래할 위험을 내포하고 있다. 역사에는 결국 독재로 막을 내린 사람들의 혁명을 보여 주는 수많은 사례가 있다. 차르(tsar)에 대항한 러시아 혁명이 스탈린주의의 소비에트 연방의 설립으로 이어진 것이나 쿠바의 반제국주의 혁명이 카스트로 형제의 지배로 귀결된 것이 그 예이다. 만일 주권 영토 국가가 국경 간 이주 규제에 대한 독점권을 상실한다면, 그 결과는 매우 디스토피아적일 수 있다. 영토에 대한 접근은 상업적인 거래모델(business-transaction model)을 따를 수 있는데, 이는 부유층의 거대한 폐쇄공동체(gated communities)를 형성할 수 있다(Torpey, 2000, 157). 오스트리아, 앤티가 바부다(Antigua and Barbuda), 사이프러스(Cyprus), 몰타(Malta), 세인트키츠 네비스(St. Kitts and Nevis)와 같은 몇몇 국가들은 이미 투자나 자선 기부를 대가로 부유층에게 입국과 시민권 취득을 허용하고 있다.* 하물며 최근 시리아와 이라크 영토 내에 세워진 이슬람 칼리프(caliphate) 국가** 사례와 같은 종류의 정치 질서가 만들어지는 것은 더욱 바람직하지 않을 것이다. 이 국가는 영토 국가와 그 국경을 거부하는 "개방국경의 광신도들이라는 매우 반동적인 집단"(West, 2015)에 의해 세워졌다. 국경과 국경 간 이주에 대한 재편과 재고는 신중하고 반성적인 변증법적 과정을 수반해야 한다. 이 과정에서 정치 공간적 질서, 이주의 실천, 그리고 이에 대응하는 이데올로기와 정치적 원리들은 동시에 변화해야 한다.

물론 무국경의 세계가 학문적 사색에 의해 만들어지는 것은 아닐 것이다. 오히려 이주가 거부되거나, 불법화되고 권리가 박탈된 사람들의 집단적 실천에 의해 발생할 것이다. 이러한 실천들은 부정(否定)으로 시작한다. 가령 국경, 영토 국가의 지위, 국민이라는 신분에 대한 거부뿐만 아니라 외국인 또는 이주자와 같이 파생된 낙인은 이를 통해 식별된 사람들을 억압하기 때문에 이 또한 거부한다(Sharma, 2003; Wright, 2003). 그러나 이런 집단적 실천들은 더 많은 것을 성취할 수도 있다. 집단적 실천은 새로운 정치적 범주와 "정치적 주체화의 새로운 유형"(Nyers, 2010, 137)을 창조할 잠재력을 가지고 있다.

연대는 무국경 정치와 새로운 정치적 행위자를 형성하는 데 핵심이다.

---

* 역주: 사이프러스와 몰타는 지중해의 섬나라이며 앤티가 바부다와 세인트키츠 네비스는 카리브해 지역의 섬나라이다. 이러한 투자이민 프로그램(Citizenship by Investment Program)은 세인트키츠 네비스가 1984년에 처음 도입하였다. 이 프로그램을 시행하고 있는 여러 섬나라들은 투자이민을 관광 인프라 건설 및 국가 주요 재정원으로 삼아왔다. 코로나19는 최근 각국의 투자이민 프로그램에도 큰 영향을 주었는데, 특히 관광산업이 큰 경제의 비중을 차지하고 있는 국가의 경우 관광이 마비되어 시민권 가격을 대폭 할인해 경제적 피해를 최소화하고자 했다. 사이프러스와 몰타의 경우 유럽연합 국가 간의 자유로운 이동이 보장되기 때문에 최근 부유층 사이에서 투자이민 대상국으로 큰 인기를 끌고 있다.

** 역주: 급진 수니파 무장단체인 이라크-레반트 이슬람 국가(ISIL)가 2014년 최고 지도자 아부 바크르 바그다디를 과거 이슬람 제국의 최고 통치자를 의미하는 칼리프로 추대하면서 IS(Islamic State)라는 이름으로 국가를 선포하였다. 이들은 지난 2017년 파리 테러를 일으키기도 하였다. 2019년 이후 IS의 세력이 크게 약화되었다고 알려져 왔으나 최근 미군 철수 이후 아프가니스탄을 점령한 수니파 무장반군 단체인 탈레반(Taliban)에 대한 무장테러 세력으로 IS가 지목되고 있다.

연대는 충성심, 공감, 도덕 원리, 자기중심적인 효용과 관련된다(Kapeller and Wolkenstein, 2013). 사회적 행동주의의 맥락에서 연대는 종종 "단결할 수 있는 목표와 신뢰를 공유하는 이익집단"(Hooks, 2000, 67)을 의미한다. 연대는 또한 타인의 말을 듣고, 그들의 감정, 필요, 욕구를 이해하는 것을 수반한다. 연대는 "사랑, 신뢰, 존경, 동정, 상호협조의 유대감을 형성"(Walia, 2013, 269)함으로써 공동체를 확고히 한다. 연대에 대한 나의 이해는 헤겔의 전통을 따르는데, 이는 새로운 정치적 의식은 사회적 실천과 행동에서 비롯된다는 것을 시사한다. 연대를 **행함**으로써 시민, 이주자, 그리고 다른 사람들이 정치적 의식의 변증법적 형성에 참여하게 된다. 이렇게 무국경 정치는 19세기 노동자 계급의 조직화(Marx and Engels, 1953; 1967 [1848])에서부터 현재의 주변화된 이주자 집단 사이의 "의식화(consciousness-raising)"(Pratt and Rosner, 2006, 15)까지를 아우르는 비판적 실천의 긴 전통을 따른다. 이러한 비판적 실천의 전통은 연대 행위를 통한 사회적, 정치적 변화를 추구한다.

무국경 정치가 파시빌리아라는 모호한 목표를 추구하지만, 이는 현대 세계 및 일상사와 동떨어져 있지 않다. 오히려 정반대다. 기존의 억압구조와 이러한 구조들이 가하는 폭력을 거부함으로써, 무국경에 관한 실질적인 정치는 현재의 국가, 영토적 성원권, 글로벌 자본주의로 인해 형성된 문제들에 깊게 뿌리내리고 있다. 그러므로 무국경 정치는 "유토피아적이지 않다. 이것은 사실 대단히 실질적이고 매일 행해지고 있다"(Anderson et al., 2009, 12). 나는 무국경 정치가 "유토피아적이지 않다"는 것에 동의한다. 왜냐하면 이 정치가 이미 행해지고 있기 때문만 아니라, 무국경 정치가 전형적으로 유토피아 개념과 연관되는 구체적인 대안, 즉 우연적 가능성을 밝히는 것을 경계하기 때문이다. 무국경 세계를 구체적인 유토피아로 정의하는 것은 가능하지도 않고 바람직하지도 않을 것이다.

## 결론

개방국경과 무국경에 대한 요구는 현시대의 국경과 이주 규제를 거부한다. 그러나 개방국경과 무국경은 이주의 자유가 발생하는 환경에 대해 설명하는 것을 경계한다. 이렇게 그들은 테오도르 아도르노와 같은 비판 이론가들과 하르샤 왈리아(Harsha Walia)와 같은 활동가들이 현대 세계를 극복하고자 세계를 이해하는 개념과 방식을 사용하지 않음으로써 구체적인 대안적 미래를 분명히 설명하는 함정을 피한다.

그러나 나는 이 책의 2부에서 개방국경의 우연적 가능성에 대해 계속해서 탐구하고자 한다. 현재 상황에서 영토 국가는 이주의 자유를 '실현 가능'하도록 만드는 실용적 자원들을 제공하고 있다. 크리스티안 마티스(Christian Matheis)와 나는 최근 이 실현 가능한 가능성을 평소와 다름없음(business-as-usual), 선심정치(pork-barrel politics), 그리고 혁명적 변혁 사이의 '중간 수준'의 개입이라고 설명한다(Matheis and Bauder, 2016). 만약 국경이 그어진 영토 국가가 조만간 사라지지 않는다면, 이주의 자유가 줄 가능성을 이행하기 위해 앞으로 우리가 나아가야 할 길은 무엇인가? 나는 이 문제를 5장에서 다루고자 한다. 그러나 우리는 세계를 사유하는 현존하는 방식과 개념을 이용하여 긍정적으로 고안 된 어떤 미래이든지 본질적인 한계를 가지고 있다는 점을 유념해야 한다. 이것은 필연적으로 아직 존재하지 않는 환경과 사고방식에서 나타나는 파시빌리아를 부인하기 때문이다. 개방국경의 우연적 가능성과 무국경의 파시빌리아는 변증법적으로 서로 반대된다.

무국경 정치와 개방국경에 대한 상상은 모순될 수 있지만 그렇다고 적대적인 것은 아니다. 사실 앞으로 나아갈 길은 둘을 반드시 포함해야 한다. 개방국경의 가능성이나 무국경의 가능성은 그들 스스로 충분하지 않다. 오히려 개방국경에 대한 비전과 무국경 정치 사이의 긴장은 이주의 자유를 향한 변증법에서 결정적인 순간을 나타낸다. 즉 이 두 개념은 이 변증법적 진행 과정에서 중요한 역할을 한다.

블로흐를 위시한 철학자들은 변증법이 미래를 어떻게 전개해 나가는지를 설명하기 위해 "지평선"이라는 은유를 사용해 왔다. 은유적 "지평선"에 나타난 알 수 없는 파시빌리아는 아직 존재하지 않는 미래를 형성하는 오늘날 사회적, 정치적 실천에 영감을 준다(Bloch, 1985 [1959], 328-334). 우리와 이 흐릿한 지평선 사이의 중간지점에는 우연적 가능성이 있다. 희망의 상징인 무지개와 같이, 개방국경의 우연적 가능성은 이주의 자유가 보장되는 파시빌리아를 향한 길의 구체적인 기준점을 제공한다. 그러나 우리가 다가갈 때마다 무지개가 계속해서 멀어지는 것 같이, 구체적인 개방국경 세계에 대한 상상은 새로운 물질적 환경이 이 상상을 불필요하게 만들 때까지 잠정적인 영감의 역할만을 할 뿐이다. 반대로 무국경 내러티브는 파시빌리아의 영역에 존재하며, 우리의 현재 위치에서는 볼 수 없다. 이 책의 2부에서는 이러한 주제들에 대해 고심하고 있다.

## 참고문헌

Adorno, Theodor W. 1966. *Negative Dialektik*. Frankfurt am Main: Suhrkamp Verlag.

Adorno, Theodor W. and Ernst Bloch. 2014. "Möglichkeiten der Utopie heute (1964)." Youtube, April 29. Accessed January 29, 2016. https://www.youtube.com/watch?v=oRz3BnpqmhE.

Alldred, Pam. 2003. "No Borders, No Nations, No Deportations." *Feminist Review* 73: 152-157.

Anderson, Bridget, Nandita Sharma, and Cynthia Wright. 2009. "Why No Borders?" *Refuge* 26(2): 5-18.

Bauder, Harald. 2006. *Labor Movement: How Migration Regulates Labor Markets*. New York: Oxford University Press.

Bauder, Harald. 2011. *Immigration Dialectic: Imagining Community, Economy and Nation*. Toronto: University of Toronto Press.

Bauer, Otto. 1907. *Die Nationalitätenfrage und die Sozialdemokratie*. Vienna: Verlag der Wiener Volksbuchhandlung Ignaz Brand.

Best, Ulrich. 2003. "The EU and the Utopia and Anti-Utopia of Migration: A Response to Harald Bauder." *ACME* 2(2): 194-200.

Bloch, Ernst. 1985 [1959]. *Das Prinzip Hoffnung*. Frankfurt/Main: Suhrkamp.

Bosniak, Linda S. 2000. "Citizenship Denationalized." *Indiana Journal of Global Legal Studies* 7(2): 477-509.

Bosniak, Linda S. 2007. "Being Here: Ethical Territorial Rights of Immigrants." *Theoretical Inquiries in Law* 8(2): 389-410.

Burridge, Andrew. 2014. "'No Borders' as a Critical Politics of Mobility and Migration." *ACME* 13(3): 463-470.

Carens, Joseph H. 2000. "Open Borders and Liberal Limits: A Response to Isbister." *International Migration Review* 34(2): 636-643.

Casey, John P. 2009. "Open Borders: Absurd Chimera or Inevitable Future Policy?" *International Migration* 48(5): 14-62.

Cohen, Robin. 1987. *The New Helots: Migrants in the International Division of Labour.* Aldershot: Avebury.

Dauvergne, Catherine. 2007. "Citizenship with a Vengeance." *Theoretical Inquiries in Law* 8(2): 489-506.

Dauvergne, Catherine. 2008. *Making People Illegal: What Globalization Means for Migration and Law.* New York: Cambridge University Press.

Department of Homeland Security. 2015. "Policy Manual, Volume 12, Citizenship and Naturalization." US Citizenship and Immigration Services. Last modified November 10. Accessed December 12, 2015. http://www.uscis.gov/policymanual/HTML/PolicyManual-Volume12.html.

Engels, Friedrich. 1971 [1880/1882]. *Die Entwicklung des Sozialismus von der Utopie zur Wissenschaft.* Berlin: Dietz Verlag.

Friedman, Milton. 2009. "Illegal Immigration." Youtube, December 11. Accessed October 18, 2015. https://www.youtube.com/watch?v=3eyJIbSgd SE.

Harvey, David. 2000. *Spaces of Hope.* Berkley, CA: University of California Press.

Harvey, David. 2005. *A Brief History of Neoliberalism.* Oxford: Oxford University Press.

Hawel, Marcus and Gregor Kritidis. 2006. "Vorwort." In *Aufschrei der Utopie: Möglichkeiten einer anderen Welt*, edited by Marcus Hawel and Gregor Kritidis, 7-8. Hannover: Offizin-Verlag.

Hiebert, Daniel. 2003. "A Borderless World: Dream or Nightmare?" *ACME* 2(2): 188-193.

Holston, James, ed. 1999. *Cities and Citizenship.* Durham, NC: Duke University Press.

Hooks, Bell. 2000. *Feminist Theory: From Margin to Centre.* London: Pluto Press.

Isin, Engin F., ed. 2000. *Democracy, Citizenship and the Global City.* London: Routledge.

Isin, Engin F. and Greg M. Nielsen, eds. 2008. *Acts of Citizenship.* New York:

Zed Books.

Kapeller, Jakob and Fabio Wolkenstein. 2013. "The Grounds of Solidarity: From Liberty to Loyalty." *European Journal of Social Theory* 16: 476-491.

Levitas, Ruth. 1990. *The Concept of Utopia*. Syracuse, NY: Syracuse University Press.

Mannheim, Karl. 1952 [1929]. *Ideologie und Utopie*. Frankfurt am Main: Schulte-Bulmke.

Marcus, Ruth Barcan. 1975-6. "Dispensing with Possibilia." *Proceedings and Addresses of the American Philosophical Association* 49: 39-51.

Marx, Karl and Friedrich Engels. 1953. *Die Deutsche Ideologie*. Berlin: Dietz Verlag.

Marx, Karl and Friedrich Engels. 1967 [1848]. *The Communist Manifesto*. Harmondsworth: Penguin.

Marx, Karl. 1982 [1848]. "Der 'Débat social' vom 6. Februar über die Association Démocratique." In *Werke Volume 4*, by Karl Marx and Friedrich Engels, 511-513. Berlin: Dietz Verlag.

Matheis, Christian and Harald Bauder. 2016. "Possibility, Feasibility and Mesolevel Interventions in Migration Policy and Practice." In *Migration Policy and Practice: Interventions and Solutions*, edited by Harald Bauder and Christian Matheis, 1-16. New York: Palgrave Macmillan.

Mezzadra, Sandro and Brett Neilson. 2013. *Border as Method: or, the Multiplication of Labor*. Durham, NC: Duke University Press.

More, Sir Thomas. 1997 [1516]. *Utopia*. New York: Dover Publications.

Nett, Roger. 1971. "The Civil Right We Are Not Ready For: The Right of Free Movement of People on the Face of the Earth." *Ethics* 81: 212-227.

Nute, Donald. 1998. "Possible Worlds without Possibilia." In *Thought, Language, and Ontology*, edited by Francesco Orilia and William J. Rapaport, 153-167. Dordrecht: Kulwer Academic Publishers.

Nyers, Peter. 2010. "No One Is Illegal between City and Nation." *Studies in*

*Social Justice* 4(2): 127-143.

Paasi, Anssi. 2009. "Bounded Spaces in a 'Borderless World': Border Studies, Power and the Anatomy of Territory." *Journal of Power* 2(2): 213-234.

Piore, Michael. 1979. *Birds of Passage: Migrant Labor and Industrial Societies*. Cambridge: Cambridge University Press.

Pratt, Geraldine and Victoria Rosner. 2006. "The Global and the Intimate." *Women's Studies Quarterly* 34(1/2): 13-24.

Quarta, Cosimo. 1996. "Homo Utopicus: On the Need for Utopia." *Utopian Studies* 7(2): 153-166.

Rorty, Richard. 1991. *Objectivity, Relativism, and Truth: Philosophical Papers*, Volume 1. Cambridge: Cambridge University Press.

Samers, Michael. 2003. "Immigration and the Spectre of Hobbes: Some Comments for the Quixotic Dr. Bauder." *ACME* 2(2): 210-217.

Sassen, Saskia. 2006. *Territory, Authority, Rights: From Medieval to Global Assemblages*. Princeton, NJ: Princeton University Press.

Sharma, Nandita. 2003. "No Borders Movements and the Rejection of Left Nationalism." *Canadian Dimensions* 37(3): 37-39.

Soysal, Yasmin N. 1994. *Limits of Citizenship: Migrants and Postnational Membership in Europe*. Chicago, IL: University of Chicago Press.

Torpey, John. 2000. *The Invention of the Passport: Surveillance, Citizenship and the State*. Cambridge: Cambridge University Press.

Voltolini, Alberto. 1994. "Ficta versus Possibilia." *Grazer Philosophische Studien* 48: 75-104.

Walia, Harsha. 2013. *Undoing Border Imperialism*. Oakland, CA: A. K. Press.

Walzer, Michael. 1983. *Spheres of Justice: A Defense of Pluralism and Equality*. Oxford: Martin Robertson.

Wells, H. G. 1959 [1905]. *A Modern Utopia and Other Discussions: The Works of H. G. Wells*, Atlantic Edition, Volume IX. London: T. Fischer Unwin.

West, Ed. 2015. "Isis Are Just Very Un-progressive Open Border Fanatics: We Need an Atatürk to Fight Them." *Spectator*, February 20. Accessed

February 20, 2016. http://blogs.spectator.co.uk/2015/02/isis-are-just-very-un-progressive-open-border-fanatics-we-need-an-ataturk-to-fight-them/.

Wilde, Oscar. 1891. *The Soul of Man under Socialism*. Accessed February 17, 2016. https://www.marxists.org/reference/archive/wilde-oscar/soul-man/.

Wright, Cynthia. 2003. "Moments of Emergence: Organizing by and with Undocumented and Non-Citizen People in Canada after September 11." *Refuge* 21(3): 5-15. Accessed January 7, 2013. http://pi.library.yorku.ca/ojs/index.php/refuge/article/viewFile/23480/21676.

# 제2부

# 해결책

우리는 통합에 대해 그만 이야기해야 한다. … 민주주의는 컨트리클럽이 아니다. 민주주의는 모든 사람이 자기 자신뿐만 아니라 다른 사람들과 어떻게 함께 살고 싶은 것인지를 결정할 권리가 있다는 것을 의미한다. … 통합이 의미하는 바가 있다면, 우리 모두가 이를 함께 한다는 것이다!

(Kritnet, 2011)

세계를 자유롭게 하고, 국가 장벽을 없애기 위해, 탐욕과 증오, 편협함을 없애기 위해 싸우자.

(Charlie Chaplin, 1940)

이 책의 1부에서 국가 간 경계와 국경을 넘는 이주의 문제적 특성에 관한 진단을 제시했다. 2부에서는 이주의 자유가 어떻게 더 큰 평등, 정의,

억압으로부터의 자유를 진정으로 이끌어 낼 수 있는지에 대한 실용적이고 원대한 해결책을 탐구한다. 이 책의 2부는 앞 장에서 소개한 우연적 가능성과 파시빌리아라는 관념에 대한 후속편이다.

또한, 서술 방식은 주제별로 진행된다. 1부는 국경과 국경을 넘는 이주에 대해 다루었다면, 2부는 시민권과 영토적 소속감이라는 주제에 초점을 맞추고 있다. 이 두 가지 주제는 서로 밀접하게 연관되어 있다. 만약 국경이 개방된다면, 불가피한 문제는 어떻게 이주자들이 자신이 선택한 커뮤니티에 속할 수 있는지, 그리고 크리트넷(Kritnet)이 요구한 것처럼 어떻게 다른 사람들과 함께 살고 싶은지를 결정할 자격이 있는 구성원이 될 수 있는지에 관한 것이다.

5장은 시민권 관행이 국경을 넘을 수 있는 이주자들을 지속적으로 배제한다는 주장에서 시작한다. 따라서 나는 타고난 특권(birth privilige)이 아닌 거주지에 기초한 시민권이 어떻게 정착국에서 이주자들을 소외시키지 않고 개방국경의 가능성을 제공할 수 있는지 고찰한다. 비록 몇몇 독자들이 대부분의 국가에서 이런 가능성이 현재 시민권 관행과는 동떨어져 있다고 생각할 지라도, 영토적 경계를 가진 국가의 기본 구조는 변하지 않는다고 가정한다. 이처럼 거주지에 기반한 시민권은 우연적 가능성을 의미한다.

6장에서는 5장에서 이야기한 내용에서 한 걸음 더 나아간다. 특히, 나는 국민 국가가 아닌 도시에 의해 정의되는 소속감의 지리적 스케일에 대해 탐구한다. 이 장에서는 미래지향적인 도시이론가들의 논의를 불법화된 이주자들을 위한 '보호구역(sanctuary)'을 제공함으로써 이주자의 시민권 박탈 문제에 저항해온 북미 도시 공동체들의 경험적 맥락에 적용해 본다.

마지막으로 7장에서, 나는 다시 논의를 전환하여 이동성의 자유를 실현하는 급진적으로 변화된 사회의 파시빌리아를 탐구한다. 이 장에서는 그런 사회의 청사진을 제시하기보다는 이런 변혁을 가져올 수 있는 여러 상황들에 대해 고민하고자 한다. 실제적 가능성(real possibility)으로 가는 경로를 설명하기 위해 무국경 운동의 실천과 행동들을 사례로 사용한다.

### 참고문헌


Chaplin, Charlie. 1940. The Great Dictator. Charles Chaplin Film Corporation.

Kritnet (Netzwerk kritische Migrations und Grenzregimeforschung). 2011. "Democracy Not Integration." Accessed November 28, 2015. http://demokratie-statt-integration.kritnet.org/demokratie-statt-integration_en.pdf.

5장

# 이동성과 거주지

> 생득권(birthright)에 기반한 성원권(membership) 규정과 그 근간을 이루는 법적 혈연관계 패러다임은 정치적 사회의 내부에서, 그리고 정치적 사회들 간에 벌어지는 체계적인 폭력과 불평등의 근본 원인이다.
>
> 재클린 스티븐스(Jacqueline Stevens, 2010, 75)

사람들은 국경에서 동등하게 대우받지 못한다. 국제 여행객이 미국 공항에 도착한 후 비행기에서 내려 세관과 출입국 관리소에 접근하면 바로 시민권 소유 여부에 따라 분류된다. 비시민권자는 심사를 받기 위해 길게 줄을 서게 될 수도 있기 때문에, 같은 비행기의 옆자리에 앉았던 미국 시민이 출입국관리소를 더 빨리 통과해 나가는 것을 바라보곤 한다. 솅겐 조약에 가입된 유럽 국제공항에서도 여행자들은 비슷한 경험을 하게 된다. 이런 불평등한 대우로 인해 많은 여행자들이 연결 항공편을 놓

치거나 기대했던 것보다 더 늦게 호텔에 도착할 수밖에 없는 불편함을 겪게 된다. 가고자 하는 국가 정부로부터 입국 허가를 받지 않은 대부분의 사람들은 아예 출발지 공항에서부터 탑승이 거부되었을 것이다. 비행기를 타고 목적지에 도착했지만 국제공항의 출입국 관리 직원이 여행자의 입국을 거부하는 경우도 종종 있다. 이 여행자는 미국이나 유럽에서 수년 동안 살았고 그곳에 가족, 집, 직업을 가지고 있지만, 비자나 취업 허가증이 만료되어, 또는 난민 신청이 거부되어 "입국 불허" 조치를 받을 수 있다.

시민권은 이주자에게 매우 중요하다. 왜냐하면 그것은 누군가가 국경을 넘을 권리가 있는지 여부를 정해 주기 때문이다. 또한 누군가가 비자나 다른 허가가 필요한지, 즉 국경을 넘는 것이 법적으로 가능한지 여부를 정해 주기 때문이다. 이주자들이 국경을 넘은 이후에도 본국의 시민권은 그들이 해당 국가에 머무를 수 있는지 여부에 영향을 미치고, 거주하는 동안 보유하게 될 권리 및 법적 자격을 규정해 주곤 한다.

지난 20년 동안 시민권 개념은 학자들 사이에서 널리 주목을 받아 왔다. 포용 정책 및 관행에 대한 연구는 물론이고 사람들이 정치적 주장을 실행하는 방식에 대한 연구에 이르기까지 시민권의 다양한 측면들을 연구자들은 탐구해 왔다. 이주자들에게 궁극적으로 중요한 것은 여권이다. 이 장에서는 시민권과 관련된 이러한 **공식적인(formal)** 부분을 다루고자 한다.

장 자크 루소(Jean-Jacques Rousseau, 2003 [1762], 31) 같은 초기 정치 이론가들은 정치적 공동체는 영토 위에 조직되며, 그 영토는 "국가를 만드는" 시민들로 구성된다고 가정했다. 이러한 전통을 이어받아 정치 이론가 한나 아렌트(Hannah Arendt, 1968, 81)는 약 반세기 전에 "그

어떤 사람도 세계시민이 될 수는 없는데, 그 이유는 그가 어떤 한 국가의 시민이기 때문이다."라고 말했다. 아렌트에게 시민권이란 영토적 국가에 속한 합법적 성원권을 의미한다. 법학자 린다 보스니악(Linda Bosniak, 2000, 456)은 이에 동의하여 다음과 같이 말했다. "시민권은 거의 대부분 국가가 부여한다. 이렇게 국가가 부여한 시민권만이 국제법으로 인정되고 존중받는다." 공식적인 시민권을 통해 국가는 사람들에게 법적 평등과 정치적, 사회적, 경제적 권리를 부여하고, 노동 시장에 평등하게 접근할 수 있도록 해 주며, 사회적 자원과 경제적 자원을 재분배하고, 억압으로부터 보호를 약속하며, 국가 영토 진입과 그곳에 머무를 권리를 허가한다.

공식적 시민권은 국가 공동체에 포함/배제 여부를 판가름하는 메커니즘이다. 이주자들은 사실상 그들이 거주하는 지역 사회의 구성원이다. 그들은 일반적으로 세금을 내고 사회생활과 시민 생활에 참여한다. 그러나 그들이 공식적인 시민권을 취득하기란 쉬운 일이 아니다. 이렇게 시민권를 부여받지 못하게 된다면, 임시 외국인 노동자는 같은 국가에서 거주하고 일하더라도 시민권을 보유한 노동자들만큼의 공평한 대우를 받지 못하게 된다. 예를 들어, 캐나다의 입주 간병인 프로그램(Live-In Caregiver Program)은 대부분 필리핀 여성으로 구성된 인력집단을 만들었다. 그런데 이들은 캐나다인의 자녀와 가족을 돌보는 일을 하기 위해 캐나다에 입국하고 싶어하지만, 정작 자신의 자녀와 가족을 데려올 수 있는 선택의 권한은 주어지지 않았다. 그들이 캐나다에서 일하고 생활하는 동안, 캐나다 시민이라면 당연하게 여기는 안전과 보호의 권리를 그들은 거의 부여받지 못하고 있는 것이다. 캐나다의 임시 외국인 노동자 프로그램을 모두 합친다면, 그들의 규모는 캐나다에 도착하는 연간 영주 이민자의 수를 초과한다. 이 경우 캐나다 정부는 시민권을 전략적 도구로 사용하여, 임시 외국인 노동자가 캐나다 사회의 구성원이 아님을 공식적으로 구체화하고 있다. 그리하여 캐나다 시민이라면 수용할 수 없는 열악한 노동조건을 받아들여야만 입국이 가능한 그런 인구를 만들어 내고 있는 것이다.

중동 걸프 국가들(Gulf states)의 사례는 자국 내 거주 이주민들을 전략적으로 배제하기 위해 시민권이 어떻게 사용될 수 있는지를 아주 잘 보여 준다. 아랍 에미리트(UAE)의 경우, 전체 인구 중 10%를 조금 넘는 정도만이 현지 거주자로 간주되는데, 이들은 완전한 시민권자, (자국) 여권 소지자, 또는 베두인족이다. 시민권과 여권은 상당한 취업 특권과 사회복지 서비스를 제공받는다. 거의 90%에 가까운 나머지 인구는 외국인인데, 이들은 인종과 출신 지역별로 구조적으로 계층화되어 있다. 즉, 서양 출신자들이 남부아시아, 동남아시아 출신 노동자보다 더 많은 특권을 부여받고 있는 것이다. 이러한 시민권 관행은 아랍 에미리트 연맹 이전, 영국이 식민 지배하면서 적용했던 지리전략적(geostrategic) 정책에 그 뿌리를 두고 있다. 그러한 정책과 실천은 국가가 필요로 하는 지식인 전문가 인력과 육체노동 종사자들을 동시에 수입하는 효과적인 방법이었던 것이다(Jamal, 2015). 국제 인권 감시 기구(Human Rights Watch, 2014, 224-225)의 다음과 같은 보고 내용은 아랍 에미리트의 이주 노동자가 직면하고 있는 취약한 현실 상황을 잘 보여 준다.

> 지난 5월 두바이의 한 현장에서 수백 명의 노동자들이 더 나은 임금과 근로 조건을 요구하며 파업에 나섰다. 이틀간의 파업 이후 이민국 관리들은 최소 40건의 추방 명령을 내렸다. 아랍 에미리트 노동법은

거의 대부분 이주 여성들로 구성된 가사 노동자들의 근로 시간 준수와 일주일에 하루 휴일 준수 같은 기본적인 보호를 외면함으로써 시민권 배제를 실행하고 있다. 이 노동자들은 시민권이 없기 때문에 기본적인 노동권과 보호를 요구하는 것 자체가 불가능한 상황이다.

시민권 획득 기회가 거의 막혀있다는 점은 또한 이주자 불법화의 주요 원인이 되고 있다. 국제 이주 기구(IOM, 2014)의 추정에 의하면, 전 세계에서 최소 5천만 명의 이주자가 자신이 위치한 국가에서 법적 지위 없이 살아가고 있다. 불법화는 여러 가지 방법으로 이루어진다. 그중 하나가 법적 허가 없이 국경을 넘어가는 것이다. 퓨 리서치 센터(Pew Research Center)가 발표한 보고서에 따르면, 미국에서 불법화된 이주자의 상당 부분이 이 경우에 해당한다. 미국에는 2014년 현재 약 1130만 명의 불법 이주자가 거주하고 있다. 이러한 미국의 불법 이주자 중 대다수는 10년 이상 미국에 장기 거주 중이다. 그리고 10명 중 거의 4명(38%) 정도가 미국에서 태어난 자녀와 함께 살고 있다(Passel and Cohn, 2015). 또 다른 형태의 불법화는 난민 또는 망명 신청자로 입국한 사람들이 자신들의 요구가 거부 된 후 국내의 어디론가 사라져 버리는 경우이다. 마지막으로, 방문자, 학생, 또는 노동자가 단기간 합법적으로 입국하여 활동하다가 비자나 취업 허가의 만료일이 지났음에도 불구하고 그대로 해당 국가에 머무르는 경우이다. 이 두 경우 모두, 거주 국가의 시민권 획득 가능성은 매우 적기 때문에 결국 그들은 "불법"으로 전락하고, 결과적으로 학대와 착취에 취약한 상황에 이르게 된다(Bauder, 2013).

어떤 국가 내에 함께 거주하고 있더라도 사람들은 상당히 다르게 대우받고 있는 게 현실인데, 그 이유는 국가가 차별적인 방식으로 시민권을 부여하고 있기 때문이다. 국가는 일반적으로 한 개인이 출생하면, 출생한 국가의 영토를 기반으로, 혹은 부모의 시민권을 기반으로 시민권을 부여한다. 그리고 국가는 이런 방식으로 시민권을 부여하면서 동시에 그 시민권 수여자가 다른 국가(공동체)로 이주하지 않을 것임을, 그래서 남은 생애 동안 그 시민권이 그대로 유지될 것임을 가정한다. 시민권을 부여하는 다른 방법, 가령 귀화를 통한 시민권 부여 같은 방법은 예외적인 것으로 간주된다. 이런 식으로 현재의 시민권 관행은 비이주자(선주민)의 생득적 특권을 계속 재생산하고 있다. 이 문제에 대한 해결책으로 필자는 시민권의 **거주지** 원칙(domicile principle)을 따를 것을 제안한다.

먼저 용어를 명확히 정리해 보자. "시민권 원칙"이란 개인이 공식적인 시민권을 획득하여 어떤 정치 조직의 구성원이 되는 메커니즘을 의미한다. "거주지(domicile)"라는 용어는 라틴어 명사 *domicilium*에 뿌리를 두고 있으며, 이는 가정, 거처, 집, 또는 거소지로 번역될 수 있다. 이에 따라 거주지 원칙은 "실질적 거주지(effective residence)"(Hammar, 1990, 76)에 기반한 시민권을 의미한다. 법학자나 시민권 연구자들은 시민권의 원칙에 대해 논의할 때, 간혹 라틴어인 *yus domicilii*라는 용어를 사용하는데, 이는 "거주지법(law of residence)"이라는 뜻이다. 따라서 이런 시민권 관련 법칙은 어떤 영토 국가에 거주하는 사람들이라면 응당 시민권을 획득할 권리를 가지고 있음을 가정한다. 어떤 국가나 지배엘리트들이 일부 이주의 경력을 갖고 있는 사람들을 배제하려는 노력이 있을지언정, 기본적으로는 어떤 사람이 한 국가에 현재 거주하고 있다는 사실은 곧 시민권이 부여되어야 하는 기본적인 전제라고 보는 것이다. 다시 말해, 사람들은 어디에서, 누구에게서 태어났는지에 상관없이 자신이 현재 거주하는 국가의 시민인 것이다.

이 책에서 나는 거주지 기반 시민권을 옹호하는 주장을 펼치고 있다. 이 주장은 오늘날 존재하는 유력한 정치 구조가 지속되는 것을 전제로 한다. 특히, 다음의 세 가지 조건이 변하지 않을 것이라고 가정한다. 첫째, 국가는 앞으로도 계속 영토를 통해 조직되고 지리적으로 경계를 이룰 것이다. 둘째, 이 영토 국가의 합법적인 구성원 자격은 공식적인 시민권을 통해 규제될 것이다. 셋째, 시민권은 동일한 성원권 규칙이 모든 사람들에게 동등하게 적용될 수 있도록 보편적인 용어로 구성될 것이다. 현실에 충실한 관찰자라면 이 세 가지 조건이 지속되는 것은 당연한 상식이라고 간주할 것이다. 보다 비판적이고 진보적인 학자들은 시민권과 영토 국가 간의 연관성에 의문을 제기하고 보편적 시민권의 탈맥락적 적용을 비판하지만(예를 들어, Bosniak, 2000; Cresswell, 2006; Isin, 2012), 이 장에서는 이러한 우려는 일단 접어놓고 논의를 전개하고자 한다. 오히려 이 장에서 내가 제안하는 주장은 이 책의 4장에서 내가 '우연적 가능성(contingent possibility)'이라고 지칭한 것과 유사하다. 우연적 가능성이란 국가의 영토, 공식적 시민권, 국가 간 경계 등이 모두 사라져 버려 획기적으로 변형된 세계가 도래할 가능성을 고려하는 것은 아니다. 오히려 나는 이 시대의 영토 국가와 시민권이 사람들에게 권리를 제공하고 영토적 정치 조직 내에서 인간 평등을 보장하는 데 크게 도움을 줄 수 있으리라고 생각한다. 이런 생각을 바탕으로 나는 시민권의 거주지 원칙이 이주자를 정치 조직체에 포함시킬 수 있는 실질적인 수단임을 주장하면서, 시민권이 부여되는 방식을 바꿀 것을 제안하고자 한다. 이러한 거주지 원칙은 전 세계적으로 점점 더 많은 사람들의 이동성이 증대되고 있고, 지구촌 사회가 그 어느 때보다도 더 초국가적인 양상을 띠고 있음에도 불구하고, 수많은 이주자들이 자신들이 거주하고 있는 공동체의 성원권을 부여받고 있지 못하고 있는 현실적 상황 속에서 그 적실성이 점점 더 높아지고 있다.

## 시민권의 원칙들

우리가 가장 많이 알고 있는 시민권 원칙은 혈통주의(*jus sanguinis*; 속인주의)와 출생지주의(*jus soli*; 속지주의)이다. 이는 둘 다 생득적 시민권이다. 혈통주의는 혈연(라틴어 *saguis*는 혈통을 의미)을 통해 시민권을 획득하는 것을 의미한다. 이 원칙에 따르면 아동은 부모의 시민권을 그대로 이어받는다. 이 원칙은 고대 그리스에 뿌리를 두고 있다. 기원적 5세기 중반 아테네에서 확립되었던 것이다. 그 이전에는 혈연으로 구성된 당대 귀족 계층이 기존의 시민권 관행을 남용하여 외국인에게 시민권을 부여함으로써 자신들의 정치적 영향력을 확대해 나갔는데, 이러한 폐해를 막기 위한 방편으로 확립된 것이 바로 혈통주의였다(Bauböck, 1994, 38). 혈연적으로 상속된 시민권을 채택함으로써, 정치공동체의 성원권은 "관료들에 의한 임의적 결정에 휘둘리지 않게" 되었다(Bauböck, 1994, 45). 이후 이주의 맥락에서 이러한 혈통주의는 식민화가 진행되면서 자국민이 해외 영토로 이주해 나가는 상황을 겪은 국가들에게 유리한 점을 제공해 주었다. 즉, 이 혈통주의가 본국 거주자와 해외 영토로 간 이주자들을 결속시킬 수 있는 도구가 되었던 것이다(Castles and Davidson, 2000, 85). 예를 들어, 이 혈통주의가 동유럽에 진출한 독일인 공동체들이 자신의 조상들과 연결성을 유지하도록 해 주었고, 독일 영토로 돌아갈 수 있는 권리를 부여해 주었다. 제2차 세계 대전 이후 억압적인 공산주의 정권 치하의 동유럽에서 살았던 독일 사람들은 국가적 성원권을 그대로 유지할 수 있었고, 결국 전후 동독과 서독으로 분단된 상황에서 서독의 국민으로 받아들여졌다.

출생지주의는 출생지(라틴어 *solum*은 토양, 땅, 국가를 의미)를 기반으로 한 시민권 취득을 의미한다. 이 원칙에 따르면, 아이는 자신이 태어난 국가의 시민이 된다. 출생지주의도 오랜 역사를 가지고 있다. 예를 들어, 출생지주의는 유럽의 봉건제에서 채택되었는데, 그 때 봉건 영주는 자신의 땅과 "그 안에서 태어난 모든 사람들"(Bauböck, 1994, 35)을 통치했다. 이는 또한 캐나다, 미국 같은 이주자들이 정착하여 만든 국가에서도 새로 이주해 온 사람들의 후손들을 결속시키기 위해 널리 채택되었다.

미국에서는 최근 출생지주의에 의한 "생득적(birthright)" 시민권이 공격받고 있다. 자동으로 부여되는 출생지주의 시민권을 비판하는 사람들은 미국 영토에 거주하는 불법 이주자 부모로부터 태어난 미국 태생 자녀에게 시민권이 부여되는 것을 거부한다. 반면, 시민권을 소유한 부모의 자녀에게는 출생지주의 시민권을 계속 부여해야 한다고 주장한다. 이런 입장에 서있는 비평가들은 미국 시민권 관행을 출생지주의에서 혈통주의로 변경하기를 원한다. 그들은 생득적 권리를 폐지하는 데 관심이 있는 것이 아니라, 특권을 가진 사람들을 위해서 그것을 제한하는 데 관심이 있는 것이다.

거주지주의, 혈통주의, 출생지주의는 근본적인 차이점에도 불구하고 중요한 특성을 공유한다. 거주지주의와 출생지주의는 모두 영토를 기반으로 하며, 시민권이 지리적으로 경계 지어진 국가 영토에 결합되어 있음을 의미한다. 반대로 거주지주의와 혈통주의는 모두 사람의 출생 위치와는 무관한 원칙이다. 가장 중요한 차이점은 혈통주의와 출생지주의는 생득권으로 시민권을 부여하는 반면 거주지주의는 그렇지 않다는 것이다. 출생지주의에 따르면, 그 국가에서 태어나지 않은 사람은 그 국가 공동체에서 제외될 수 있다. 이러한 상황은 임시 외국인 노동자와 불법 이주자에게 적용된다. 반대로, 혈통주의 원칙에 따르면 특정 국가 바깥에서 수세대에 걸쳐 혈통으로 이어진 사실상 외국인들이 시민권을 부여받아 그 국가로 들어와 살 수도 있다. 이러한 상황은 독일에서 발생했다. 독일에서는 국내에서 태어난 외국인 "초청 노동자(guest workers)"*의 자녀들과 이들 자녀들의 자녀들이 수세대에 걸쳐 거주해 왔음에도 불구하고 오랫동안 독일 시민권을 부여받지 못했다.

출생지주의와 혈통주의 원칙을 조합한다고 해서 한 국가의 (일부) 거주자가 시민권에서 제외되는 모순적 상황이 해결되지는 않는다. 예를 들어, 캐나다에서 출생한 독일인은 출생지주의 캐나다 시민권과 동시에 혈통주의 독일 시민권을 지니고는 있지만, 향후 거주하게 될 수도 있는 제3국의 시민권 자격을 갖고 있지는 못하다. 반면, 거주지주의는 자신이 "잘못된" 부모에게서, 혹은 "잘못된" 국가에서 태어났는지 아닌지를 기준 삼아 누군가의 시민권을 배제하지는 않는다. 이러한 방식으로 거주지 기반 시민권은 국가 공동체와 국가 영토를 넘어 이주하는 사람들을 수용한다. 출생 상황에 상관없이 거주하고 있는 영토를 기준으로 사람

* 역주: 제2차 세계대전 이후 1973년까지 서독의 경제 부흥이 이루어지면서 증가하는 노동력 수요를 충당하기 위해 마련된 제도이다. 주로 터키 등 인접한 개발도상국에서 산업 인력을 초청하고 일정 기간 일을 한 이후에는 다시 돌려보내는, 특히 독일 내 실업이 증가하면 우선적으로 돌려보내는, 일종의 외국인 노동자 순환시스템이다. 그러나 이들 노동자들은 실제로 독일에 정착하여 뿌리를 내리게 되었는데, 이에 대한 논란은 계속 이어지고 있다.

들을 구성원으로 받아들이는 것이다.

거주지주의 시민권 원칙은 혈통주의와 출생지주의 사이의 "누락된 고리(missing link)"(Gosewinkel, 2001, 29)라고 불려 왔다. 실제로 대부분의 국가는 어떤 방식으로든 세 가지 시민권 원칙을 적절히 조합하여 시행하고 있다. 강한 출생지주의 전통을 가진 국가는 일반적으로 시민의 자손들에게 시민권을 부여하고(이 규칙은 국가 영토 밖에서 거주하며 몇 세대를 보낸 사람들에게는 더 이상 적용되지 않을 수 있지만) 거주 기준에 따라 이주자를 귀화시켜 시민권을 부여한다. 마찬가지로, 혈통주의 전통을 가진 독일과 같은 유럽 국가는 부모가 특정 거주 요건을 충족하는 경우 자국 영토에서 태어난 어린이에게 시민권을 부여하는 경우가 많아지고 있다. 이 같은 유럽 국가들은 최근에 거주지주의와 출생지주의 요소들을 시민권 법률에 포함시키고 있다. 또한 경험적 연구에 따르면 다양한 국가의 여론이 혈통주의, 출생지주의, 거주지주의 모두를 조합하는 것을 선호하는 것으로 나타나고 있다(Levanon and Lewin-Epstein, 2010; Raijman et a1., 2008; Ceobanu and Escandell, 2011). 내가 주장하는 바는 이 같은 다양한 시민권 원칙을 결합하는 것을 선호하는 국가 정부의 관행이나 여론 조사를 뛰어넘는 수준에서 전개된다. 오히려 시민권을 생득권으로만 부여하는 혈통주의와 출생지주의의 원칙보다는 거주지주의 원칙을 확대하는 것을 지지하는 것이다.

## 역사적 관행으로서의 거주지주의

시민권의 거주지주의 원칙은 새롭게 등장한 관념이나 관행이 아니다.

이는 출생지주의나 혈통주의와 마찬가지로 오랜 역사를 가지고 있다. 여기서는 거주지주의 원칙이 과거에 어떻게 적용되어 국가 영토를 넘어 이주한 사람들을 수용하게 되었는지를 살펴보도록 하자.

유럽의 국적과 시민권의 기원을 조사한 법학자 롤프 그라베르트(Rolf Grawert, 1973)는 봉건적 질서가 유지되었을 당시, 특정 영토 내의 사람들을 결합하는, 즉 그들이 태어나지 않은 영토에 소속감을 부여하는 방법으로 출생지주의 원칙뿐만 아니라 거주지주의 원칙도 적용했음을 밝혀냈다. 16, 17세기에 사람들이 어떻게 봉건 영주의 신민(臣民)이 되는가의 문제와 관련하여 그 법적인 해결책으로 자리 잡았던 것은 다름 아닌 "거주지가 신민을 만든다(domicilum facit subditum)"라는 원칙이었다(Grawert, 1973, 79). 이에 따라 중세 유럽의 법률 문서는 법적 신민들의 영토 소속을 명확히 하기 위해 거주지와 관련된 다양한 라틴어 용어를 사용했다. 이 중세 시대의 거주지주의 원칙은 로마법과 가톨릭 교회법이 결합되어 적용되었으며, 이에 따라 영토 내 거주자는 곧 관할 구역의 시민이면서 동시에 특정 장소의 거주자임을 의미했다.

유럽에서 봉건제가 종식된 후에도 거주지주의 원칙은 지속되었다. 프랑스 혁명의 결과로 거주지주의 원칙은 중요한 시민권 원칙으로 확정되었다. 사회 및 정치 이론가인 라이너 바우뵈크(Rainer, Bauböck)는 1793년 프랑스 헌법에서 발췌한 다음 구절이 "역사상 가장 진보적인 거주지주의의 공식화"라고 기술했다(Bauböck, 1994, 32).

> 22세가 됐고 프랑스에 1년 동안 거주했으며, 노동으로 생활하거나 재산을 취득하거나 프랑스 배우자와 결혼하거나 자녀를 입양하거나 노인을 부양하는 모든 외국인은 … 프랑스 시민권을 행사하는 것이

허용된다.

(Bauböck, 1994, 50에서 번역)

프랑스 시민권 법칙은 분명히 거주지주의 원칙을 따르고 있지만, 1년의 대기 기간이 필요하고 후보자는 생산 또는 재생산 노동 활동에 참여해야 한다는 조건을 충족해야만 했다.

라인강의 건너편 독일에서도 역시 거주지주의 원칙은 중요한 법적 관행이었다. 19세기 독일 영토는 수십 개의 독립된 국가와 도시로 분열되어 있었다. 독일 영토 안으로 이주해 들어온 사람들의 무국적 상황을 방지하기 위해 독립된 국가와 도시는 이주자들을 자기 사람들로 취급하였고, 일정 기간 이상 영토 내에 거주하게 되면 귀화시키는 조치를 시행했다. 그라베르트(Grawert, 1973, 75)에 따르면, 이 법적 관행은 시민권의 거주지주의 원칙(Domizilprinzip)을 효과적으로 구현한 것이었다. 정치학자 시몬 그린(Simon Green, 2000, 108)은 "대부분의 독일 국가들이 19세기 전반기에 거주지주의 원칙을 선호했다"라고 주장했다. 그러나 동시에 혈통주의 시민권도 독일의 국가와 도시에서 행사되었다. 하지만 1913년 국적법을 통해 독일 제국 전체의 독일 시민권은 혈통에 좀 더 견고하게 연결되기에 이르렀고, 이는 결국 지배적인 시민권 원칙이었던 거주지주의 원칙을 대체하게 되었다(Gosewinkel, 2001).

최근에는 거주지주의 원칙이 계속해서 시민권과 관련된 법적 관행을 주도하고 있다. 실질적인 거주의 장소는, 법원이 복수의 시민권을 가진 사람들의 가장 지배적인 국적이 어디인지를 결정하는 데 중요한 기준으로 사용되고 있다(Hammar, 1990). 더군다나 거주지는 항상 과세 부과의 중요한 기준이 되고 있는데, 특히 개인이 여러 국가에서 소득을 올리고 있거나 국경 넘어 이동이 잦은 경우에 더욱 그러하다. 따라서 국제 조세 문제를 규제할 목적으로 경제 협력 개발 기구(OECD)는 그러한 상황에 있는 사람에게 적용되는 거주지 파악의 기준을 설정하고 있다. 경제 협력 개발 기구의 모델 조세 조약(Model Tax Convention)에 따르면, 거주지는 개인의 "영구 거처", "중요한 이해관계의 중심", "개인의 관계와 경제적 관계", "생활 거주지", 그리고 공식적 국적을 기반으로 한다(OECD, 2015, 제4조). 유럽 연합의 사람들은 고용된 국가 또는 "상주(常住) 거주자"로 등록된 국가로부터 사회 보장을 받을 권리를 갖게 되는데, 이는 가족 결합, 거주의 기간과 지속성, 무보수 활동의 실천, 소득원, 주택 상황의 영속성, 세금 납부처 등을 기준으로 하여 파악된다(European Commission, 2014).

과세 및 사회 보장의 경우, 한 개인이 법적 책임과 권리를 갖는 관할권을 설정할 때 거주지주의 원칙이 적용된다. 그러나 그것이 시민권 그 자체에는 적용되지 않는다. 역사적 관점에서 연구를 진행했던 그라베르트(Grawert, 1973, 224)는 오늘날과 달리 중부 유럽에서는 "국가 영토에 자발적으로 장기 거주하는 것이 시민권을 부여하는 합법적인 이유였다. 18세기까지는 국가나 도시 모두 아무런 어려움 없이 이 관행을 받아들였다"라고 말했다.

1970년대 서독은 더 이상 이 관행을 따르지 않았다. 왜냐하면 정책 및 법률 입안자들이 "원치 않는 외국인의 귀화를 통제"(224)하고자 했기 때문이다. 즉, 서독에 거주하는 소위 초청 노동자 같은 그런 이주자를 배제하려는 목적으로 거주지주의 원칙을 정지시킨 것이다. 반대로, 거주지주의 원칙은 시민권과 관련하여 역사적으로 오래된 법률이었고, 조세 및 사회 보장에 대한 당대의 기준이었기 때문에 이동하는 인구를 포함

**하는** 영토적 정치 권리를 부여해 주었다. 이 기능은 아래에서 기존의 시민권 관행 및 정책의 대안으로 이 원칙을 논의할 때 중요하게 다루어질 것이다.

## 권리로서의 거주지주의

시민권 영역에 거주지주의 원칙을 적용하는 것에 찬성하는 주장은 3장에서 제시한 개방국경에 대한 주장과 여러 가지 점에서 비슷하다. 특히 이러한 주장은 다양한 철학적 입장에서 만들어질 수 있다. 자유주의적 관점에서 보았을 때, 거주지주의 시민권 원칙은 상당히 매력적이다. 법학자 이샤이 블랭크(Yishai Blank, 2007, 425)가 말한 것처럼, 거주(residence)의 원칙(거주지주의 원칙과 동의어)은 "최고로 자유로운 것이다. 또한 자발적이고 합리적이며 정당한 것이다. 사람은 살아갈 장소(locality)를 선택하고, 그곳에 세금을 납부하거나 다른 활동을 통해 일정 부분 기여하면서 그 공동체의 성원이 된다. 그리하여 성원으로서의 지위에 합당한 동등한 권리를 부여받는다". 가장 중요한 것은 거주지 기반 시민권이, 출생 시 자동으로 부여되는 특권 같은 것을 거부한다는 것이다. 거주지주의 원칙에 따르면, 한 개인의 시민권은 시민권자인 부모에게서 태어나면서부터 부여되는 것이 아니라, 개인의 선택(이 경우 특정 국가에 거주하는 선택)을 기반으로 해서 부여된다. 이러한 자유주의적 관점에서 본다면, 거주지주의 원칙은 그 국가에서 태어났는지, 또는 그곳으로 이주하기로 선택한 것인지에 상관없이, 모든 거주자에게 성원권을 확대하여 부여하기 때문에 공평하다. 이처럼 시민권의 거주지주의 원칙은 상당히 민주적인데, 이와 관련하여 국제관계 및 국제법 연구가인 도라 코스타코풀루(Dora Kostakopoulou)는 다음과 같이 말했다. "민주적 의사 결정과 정치 공동체의 번영은 모든 공동체 구성원의 참여가 필요하며, 단지 그 일부분만이 참여하는 것으로는 불가능하다"(Kostakopoulou, 2008, 126). 거주지주의 원칙은 영토 공동체의 사실상 모든 구성원에게 민주적 정치 참여를 확대하고 있다.

시민권의 거주지주의 원칙은 정치경제적 관점에서도 여러 장점을 가지고 있다. 이 원칙은 같은 영토 내에 거주하고 있는 노동자 간의 법적인 구별을 금지한다. 현재 시민권으로부터 배제된 공동체 구성원은 때로는 시민들보다 경제적으로 더 많은 기여를 하고, 더 많은 개인적 희생을 감내하고 있지만, 사회적 혜택이나 법적 보호는 더 적게 받기도 한다. 요컨대, 그들은 공동체의 발전에 충분히 기여하지만, 그에 상응하는 만큼 되돌려 받지는 못하고 있는 것이다. 시민권의 **거주지주의 원칙**은 이러한 불공정을 개선토록 해 준다. 이 원칙이 적용된다면, 한 사회 내의 구성원 모두가 시민권을 획득하고 노동 시장에서 동등한 대우를 받게 될 것이다. 이주자들도 이제 법적 지위를 갖기 때문에 더 이상 다른 사람들보다 더 취약하지도 않고 착취당하지도 않게 될 것이다.

칼리 오스틴과 나는(Carly Austin and Bauder, 2012) 시민권 취득이 거부된 임시 외국인 노동자의 경우에 만약 거주지주의 원칙을 적용하게 되면, 어떤 일이 벌어질 것인지에 대해 조사한 적이 있다. 조사 결과, 거주지주의 시민권 원칙이 실행된다면, 캐나다의 임시 외국인 노동자 프로그램에 참여하는 노동자들의 착취 문제가 상당 부분 해결될 수 있음이 밝혀졌다. 거주지 기반 시민권은 임시 외국인 노동자가 다른 일반 노동자와 공평한 경쟁을 벌이면서 노동 시장에서 참여할 수 있도록 해 준다. 또한 거주지 기반 시민권은 특정 국가에 체류하고 싶어 하는 이주 노동자가 그 국가에 체류할 수 있는 권리를 부여한다. 만약 그들이 노동을 통해 기여하고 있는 공동체 내에서 계속 살기로 결정한다면, 그들의 임시체류 신분이 만료된 후에도 더 이상 지하로 숨어들어가야만 할 필요는 없게 되는 것이다.

시민권의 거주지주의 원칙은 다른 관점에서도 많은 영향을 미친다. 그것은 노동자들을 차별적으로 대우함으로써 노동 시장이 왜곡되는 일이 더 이상 벌어지지 않도록 해 주어 자유시장 경제를 달성하는 데 도움을 준다. 현재 일부 노동자들은 시민권과 함께 제공되는 모든 권리와 보호를 소유하고 있는 반면, 다른 노동자들은 시민권을 보유하지 않아 이러한 많은 권리들을 거부당하고 있는 게 현실이다. 또한 거주지 기반 시민권은 국가가 성별과 인종에 따라 차별하는 것을 어렵게 만든다. 거주지 기반 시민권의 원칙이 적용된다면, 주민들은 더 이상 정식으로 인정된 시민권자, 시민권 지위를 부여받은 특권 이주자, 불우한 이주자(여성과 인종화된 사람들) 등의 범주로 구분될 필요가 없다.

위에서 제시한 모든 주장은 거주지 기반 시민권이 국가 재량의 문제가 아니라 기본권이어야 함을 암시한다. 이미 글로벌 북부의 많은 국가들에서 귀화(naturalization)의 과정이 거주지주의 원칙이 반영되어 이루어지고 있다(Hammar, 1990, 76). 이러한 과정은 장기 거주자들이 공식적인 시민권을 획득할 수 있는 기회를 제공한다. 특히 호주, 캐나다, 미국과 같은 전통적인 이민 국가들은 일반적으로 이주자들이 특정한 조건을 충족한다면 시민권을 신청하도록 장려한다. 그러한 조건은 영구 거주 기간, 국가의 역사와 거버넌스 시스템에 대한 기본 지식, 범죄 경력 신원 조사, 국가에 대한 충성심 입증(또는 표현) 등을 포함한다. 미국 국토안보부(2015)에 따르면, 미국은 2013년에만 약 78만 명의 외국 국적 거주자를 귀화시켰다. 역사적으로 시민권의 혈통주의 원칙을 선호했던 국가들도 수많은 외국인 장기 거주자와 2세대 거주자를 귀화시키고 있다. 그러나 캐슬과 데이비슨이 아래와 같이 지적했듯이 귀화가 기본권이라고 볼 수는 없다.

> 귀화는 일반적으로 국가 원수, 정부 장관, 또는 관료 등 행정부에서 수행하고 있는 국가의 **재량적 행위**이다. 특별한 예외적 상황을 제외하고, 이주자에게 귀화가 당연한 권한으로 부여되는 것은 아니며, 이주자는 그저 위에서 내리는 결정의 대상일 뿐이다.
>
> (Castles and Davidson, 2000, 86, 원문에서 강조)

따라서 한 국가 내에 합법적으로 거주한다는 것이 공식적으로 그 국가 공동체의 구성원으로 간주되는 것과 동일한 의미를 지니는 것은 아니다. 또한, 어떤 한 국가 영토에 입국하여 거주하는 것은 선택적인 이민 정책 및 제한적 거주 기준에 따라 결정되는데, 그 기준이 모든 사람에게 동등하게 적용되지 않는다. 임시 거주자를 포함하여 이주 또는 거주 요건을 충족하지 못하는 사람들에게는 거주지를 바탕으로 한 귀화의 가능성 자체가 불허된다. 전통적인 이민 국가이든 아니든 상관없이 모든 국가들의 현행 정책은, 처음에 입국 허용 단계에서 이주자를 신중하게 골라내거나 난민 신청자들을 까다롭게 평가하여 체류 여부를 결정하도록 설계되어 있다. 이후 이주자와 난민은 보호 관찰 기간을 거치게 되는데, 이 기간 동안 그들은 중간 수준의 취약한 지위를 갖게 된다. 그 단계를 거친 후에야 귀화의 자격을 얻게 되는 것이다.

시민권, 거주 지위, 이주 기록 등에 따른 차별적 대우는 또한 다른 자격에도 영향을 미친다. 사회학자 토머스 파이스트(Thomas Faist, 1995)는 독일과 미국의 이주자들이 경제 복지, 안전 보호, 사회 복지에 어느 정도까지 접근할 수 있는지를 조사한 바 있다. 그는 국가 내에 거주하고 있는 사람들의 상황에 따라, 즉 불법 이주자, 난민, 임시 거주자, 영주권자 등 이주자의 지위에 따라 그런 복지에 접근할 수 있는 정도가 달라진다는 것을 확인했다. 다시 말해, 시민이라면 응당 받을 수 있는 사회적 권리가 비시민 거주자에게 동일한 정도로 확대되지는 않는 것이다.

시민권 관련 국가 정책이 어떻게 실행되고 있는지를 살펴보면, 이주자들의 시민권 취득 가능성이 영토 내 거주 여부에 달려 있는 것이 아니라 어떤 법적 지위를 가지고 있느냐에 달려있다는 점이 분명히 드러난다. 거주지주의 원칙의 정신에 따라 시민권은 정치적 영토 내 실재의 거주자 모두를 위한 권리이어야 한다. 그러나 거주지주의 원칙의 정신과는 반대로, 많은 국가들에서 외국인이 국가 영토 내에 체류할 수 있는 기간을 제한하는 비자를 부과하거나 아예 유입 자체를 제한하고 있는데, 이는 이주자의 거주 기반 권리 획득과 시민권 취득 가능성을 방지하기 위한 전략이다. 예를 들어, 캐나다의 임시 외국인 노동자에게는 4년의 체류기간이 엄격하게 적용되고 있는데, 이는, 이들 노동자가 거주지 시민권에 대한 도덕적 권리를 주장하기 전에 강제로 해외로 나가도록 조치하고 있음을 의미한다. 캐나다 정부는 1950~1970년대 서독의 '초청'노동자 프로그램을 불안한 제도로 평가하면서 여러 시사점을 얻은 것으로 추정된다. 독일의 이 프로그램은 처음에는 남부 유럽과 지중해 지역 출신 외국인 노동자들을 임시 '초청자(guest)'로만 간주하여 도입했지만, 이후 고용 계약이 갱신될 수 있도록 변경했고, 결국 독일에 머무를 수 있는 권리를 획득하고 가족과도 재결합할 수 있도록 허용했다. 시민권의 거주지주의 원칙은 실재의 거주자들이 강제로 추방당하지 않을 권리, 그리고 계속 체류하여 정식 시민권을 취득할 수 있는 권리를 보장하는 것이다. 이 원칙은 모든 사람에게 적용되어야 하며, "일부 거주자에게만 선택적으로 부여되고 다른 사람에게는 거부되는 일이 있어서는 안 된다"(Austin and Bauder, 2012, 31).

## 우연적 가능성으로서의 거주지주의

시민권의 거주지주의 원칙을 실행하는 것과 관련하여 몇 가지 현실적인 문제가 있다. 그 하나는 '거주지'를 어떤 기준으로 정확히 정의해야 하는가? 달리 말하면, 이주자가 거주자인지 아닌지를 어떻게 판단해야 하는가? 라는 질문이다. 코스타코풀루(Kostakopoulou, 2008, 114)는 이주자들이 "무기한으로 한 국가에 거주하려는" 의도가 있는 경우, 그들에게도 시민권을 확대해야 한다고 주장한다. 이것은 어떤 사람이 특정 영토에 평생 결합되는 것을 의미하지 않는다. 오히려 중요한 것은 영구적으로 머무르려는 의도, 그 자체이다. 만약 이 **의도**가 바뀐다면 시민권은 만료되는 것이다. 그러나 이 주장은 임시 거주자도 마찬가지로 자신이 거주하는 지역 사회에 상당한 경제적, 사회적 기여를 하고 있기 때문에 시민권에 대한 도덕적 권리를 가지고 있다는 사실을 외면한다. 사실 코스타코풀루의 주장은 일관성이 결여된 듯하다. 영구적으로 체류할 의도를 지닌 거주자가 시간이 흐른 후 어떤 이유가 생겨 떠나기로 결정할 수 있는 것처럼, 임시 거주자도 기회가 주어진다면 영구적으로 체류하기로 결정할 수 있는 것이다. 따라서 거주지 기반 시민권은 당사자의 의도가 무엇인지와 상관없이 모든 거주자에게 적용되어야 한다.

어떤 영토 내에 존재하는 것과 그 영토에 거주하는 것은 같은 것이 아니라고 여전히 주장할 수 있다. 코스타코풀루는 시민권 취득의 맥락과 관련하여 거주라는 것이 단순히 공식적으로 (거기에) 존재하고 있는가의 문제를 따지는 것에 그쳐서는 안 되며, "공동체의 삶과 일에 참여하고 생활하면서 공동체 구성원들과의 연계와 결속을 만들어가는 것"을 포함해야 한다고 제안한다(Kostakopoulou, 2008, 115). 마찬가지로 조셉 캐런스(Joseph Carens, 2010)도 단순한 존재가 시민권을 위한 유일한 자격 기준이 되어야 한다고 생각하지 않는 것 같다. 오히려 그는 최근 불법 이주자들의 맥락에서 이주자가 얼마나 오랫동안 (공동체의) 정치적 영역 내에서 활동했는지가 그의 시민권 획득 여부의 기준이 되어야 한다고 주장했다. 그러나 린다 보스니악(Linda Bosniak)은 자유 헌법 규범을 지적함으로써 캐런스의 주장을 반박한다. 이러한 규범에 따라 "국가의 관할권 내 모든 사람은 기본적 권리와 안전을 보장받고, 인정을 받아야 한다. 이와 관련하여 체류 기간 그 자체는 그리 중요하지 않다. 중요한 것은 영토 내에서 법의 적용을 받으면서 존재하고 있느냐 하는 것이다" (Bosniak, 2010, 90). 보스니악에 따르면, (시민권을 부여하기 위한 목적의) 거주의 문제는 연결 및 결속, 체류 기간, 또는 기타 임의의 기준의 문제라기보다는 영토적인 존재의 문제인 것이다.

이주 배경 아동은 어떤 시민권을 가져야 하는가?라는 또 다른 현실적인 문제를 생각해 보자. 이들은 자발적으로 거주 장소를 선택한 것이 아니며, 출생을 통해 또는 부모나 보호자가 내린 이주 결정에 의해 거주지가 결정된다. 이 질문에 대한 한 가지 대답은 선택을 통해 얻은 **거주지**

**주의**와 출생으로 얻은 **출생지주의**를 결합하는 것이다(Bauböck, 1994, 34). 코스타코풀루는 거주지 기반 시민권의 3가지 유형을 제시했다. 첫째, 출생 시 받게 되는 거주지 기반 시민권은 신생아에게 시민권을 제공하여 무국적자 상태에 처하지 않도록 해 준다. 둘째, 선택에 의한 거주지 기반 시민권은 성인이 선택한 거주지를 기준으로 확장된다. 셋째, 결합에 의한 거주지 기반 시민권은 시민에게 법적으로 의존해야 하는 아동과 같은 사람에게 적용된다. 사람은 특정 시점에 이러한 3가지 유형의 시민권 중 하나만 가질 수 있다(Kostakopoulou, 2008, 119-122). 예를 들어, 아이들이 성인이 되면 그들의 시민권은 출생시 거주지 시민권 혹은 결합에 의한 거주지 시민권에서, 선택에 의한 거주지 시민권으로 변경된다.

그런데 최근 글로벌 이동성이 크게 증가하고 글로벌하게 활동하는 사람들이 늘어가면서 또 다른 문제가 부상하고 있다. 만약 그들이 거주했던 모든 곳에서 거주지 기반 시민권을 보유한다면, 복수의 시민권을 갖게 될 것이다. 이런 상황은 역설적이라고 할 수 있는데, 왜냐하면 시민권이 더 이상 한 국가에만 거주하는 것과 연관되어 있지 않기 때문이다. 사실, 더 이상 거주하지 않게 된 국가의 시민권을 유지하는 것은 거주지주의 원칙의 논리 자체에 어긋나는 것이다. 이 역설은 과연 어떻게 해결할 수 있을까? 라이너 바우뵈크(Rainer Bauböck, 1994, 49)는 그 해결책을 간단하게 제시한다. "시민권이 거주지주의 원칙에만 온전하게 기반을 두고 있다면, 국가는 그 국가를 영원히 떠난 사람의 시민권을 마땅히 박탈할 수 있고, 또한 박탈해야만 한다." 코스타코풀루(2008, 127)는 "거주지의 변경은 그 국가에 거주하고자 하는 의사가 종료되었음을 의미하고", 따라서 거주지 기반 시민권의 상실로 이어지게 된다.

국가가 한 개인의 시민권을 취소하는 경우가 제법 많이 있었다. 영토적 조건 내에서 신민(臣民)에 대한 속박이 이루어졌던 중세 봉건 시대의 유럽에서, 어떤 신민이 그 영토를 떠나 다른 곳으로 이주하게 되면 그에게 가해졌던 속박도 끝나버리게 된다. 토머스 홉스(Thomas Hobbes)와 울리크 후버(Ulrik Huber) 같은 17세기 학자들은 이러한 관행을 확인한 바 있다(Grawert, 1973, 90-102). 전쟁 탈영병과 반역을 저지른 사람들도 추방되어 시민권이 박탈될 수 있었다. 그러나 1913년 독일 제국의 국적법은, 전쟁 탈영병이 독일 제국의 특정 국가에 더 이상 거주하지 않게 된 경우에만 시민권을 취소했다(Reichs- und Staatsan- gehörig-keitsgesetz, 1913, 제26조). 이런 경우는 한 개인이 전쟁 탈영병이 되었기 때문에 발생했다. 전쟁 탈영병이 되면서 거주자의 조건을 충족시키지 못했기 때문이다. 오늘날에는 국가가 시민권을 박탈하는 경우가 거의 없다. 누군가가 외국으로 이주해 나갔다고 해서 시민권을 박탈하지는 않는다. 예를 들어, 미국 정부는 테러 조직이나 다른 사회 전복 세력의 일원으로 활동한 사람들의 시민권을 박탈할 수는 있다. 다만 그렇게 박탈하는 경우는 그 사람들이 출생을 통해서가 아니라 이주를 통해 미국 시민권을 획득했던 경우에만 해당된다. 캐나다 정부도 최근 유사한 법을 제정하여, 다른 시민권도 소유한 채 테러, 반역, 스파이 활동으로 유죄 판결을 받았거나, 캐나다 국가와 무력 충돌을 일으킨 군대나 무장단체에서 복무한 전력이 있는 귀화 시민의 경우에는 그 시민권을 취소할 수 있도록 조치했다. 어떤 사람이 외국으로 이주해 나갔는지 여부만을 근거로 하여 시민권을 박탈하는 것은 정책의 범위에 포함시키지 않고 있다.

거주 국가를 변경하는 사람의 시민권을 박탈하는 데 장애가 되는 것은, 그 사람이 새롭게 이주하여 정착한 국가가 거주지주의 원칙을 적용하지 않았을 때, 그 사람은 무국적의 상태가 될 수 있다는 점이다. 이 상황은 이주자들을 큰 위험에 빠지게 할 수 있다. 무국적자는 일반적으로 특정 국가에 입국하고 체류할 권리가 없다. 더욱이, 우리는 한나 아렌트(1985 [1948])가 주장한 것처럼 국가가 자국민의 보편적 인권을 보호하는 경향이 있다고 인식하고 있다. 따라서 무국적자는 자신의 인권을 돌봐주는 국가가 없다. 무국적 상태를 방지하기 위해서는, 한 국가로부터 이주해 나가는 사람들의 경우, 새롭게 거주하게 된 국가의 시민권을 부여받은 경우에만 본래 국가의 시민권 박탈이 이루어져야 한다.

한 사람의 시민권이 한번 취소되면 그가 다시 원래의 국가로 돌아가지 못하는 상황이 발생할 수 있다. 그러나 이러한 상황은 국가가 국경을 넘는 이주를 계속 통제하는 경우에만 발생한다. 이 문제는, 예전 시민에게 특별 재입국 허가를 해줌으로써 해결할 수 있다. 즉, 그가 국가 내에 중요한 이해관계를 여전히 보유하고 있음을 입증할 수 있다면, 시민권을 계속 유지할 수 있도록 허용함으로써 문제를 해결할 수 있는 것이다(Bauböck, 2008). 4장에서 논의한 개방국경 시나리오에서는 귀환의 권리에 관한 문제가 자동으로 해결될 수 있다. 이 경우, 시민이었던 국외 이주자는 다른 모든 사람들과 마찬가지로 다시 입국할 수 있는 권리를 소유하게 된다.

개방국경과 거주지주의 원칙을 결합하는 시나리오는 추가 논의가 필요하다. 국가가 개방국경 없이 시민권의 거주지주의 원칙을 채택하면, 그 국가에서 태어났거나 입국이 허용된 사람만 시민이 될 수 있다. 이주자가 입국이 불허되어 그 국가에 거주할 수 없다면, 출생 특권의 문제가 다시 부상하게 된다. 즉, 국경이 폐쇄된 상황에서 시민권의 거주지주의 원칙은 국경의 한쪽 지역에 운 좋게 태어난 사람들의 생득적 권리만을 재생산할 뿐이다(3장). 개방국경 없이 적용되는 거주지주의 원칙은 "스스로의 위상을 약화시키는" 시민권 관행일 것이다(Bosniak, 2007, 398). 이 문제를 해결하기 위해서는 이주 자유의 권리가 거주 기반 시민권보다 우선해야 한다.

이 주장의 논리도 물론 뒤집힐 수 있다. 즉, 국경을 개방한다 해도 거주지 시민권을 인정하지 않는다면 효과가 없기 때문이다. 이주자들이 자유롭게 국경을 넘는 것이 가능하다 해도 그 후 시민권을 받을 자격이 없다면, 여전히 불평등한 대우를 받을 수 있고 취약한 노동자로 착취당할 수 있다. 그리고 국가는 이주자들을 억압으로부터 보호하는 의무를 보류할 수도 있다. 개방국경과 거주지주의는 서로 다른 이론적 원칙이지만 서로를 필요로 한다. 전자는 보편적인 권리 및 이동성과 관련이 있고, 후자는 민주주의 및 성원권과 관련이 있다.

만약 이주자가 거주지에 따라 시민권을 취득하게 되면 국가 복지 시스템에 누수가 일어날 가능성이 있다는 점도 우려할 만한 일이다. 그렇다면 과연 어떻게 그런 누수를 막을 수 있을까? 4장에서 나는 개방국경의 우연적 가능성에 의해 만들어진 모순의 맥락에서 이 우려를 논의했었다. 거주지 기반 시민권은 신규 이주자들이 국가 복지 시스템의 집합적 자원을 이용할 수 있는 권한을 부여할 수 있다. 이러한 맥락에서 경제학자 밀턴 프리드먼(Milton Friedman)은, 개방국경과 복지 국가, 이 두 가지가 양립할 수 있는 유일한 방법은 이주자에게 시민권과 합법적 거주 권한을 주지 않음으로써 복지 시스템을 차단시키는 것이라고 설명한다(Friedman, 2009). 프리드먼의 논리에 따르면, 이주자에게 시민권이나 그에 상응하는 지위를 주지 않는 것, 혹은 국가 복지 시스템을 완전히 없애버리는 것 중에서 하나를 선택해야 한다.

그러나 외국인 거주자는 거주하고 있는 국가에서 중요한 권리를 이미 부여받았으며, 때로는 그 사회에 기여한 것에 대해 보상을 받기도 한다. 사회학자 야세민 누홀루 소이살(Yasemin Nuhoğlu Soysal, 1994)은 국제 인권법을 준수해야 하는 의무 때문에 유럽 국가들이 외국인 거주자들에게도 거주지 기반 권리를 부여하게 되었다는 사실을 밝혀냈다. 외국인은 정착지 사회에 거주하고 시민 생활에 참여하면서 법적 자격을 축적해간다. 그들은 세금을 내고 사회성원으로서 기여를 하면서 국가 사회 프로그램과 복지 시스템에 접근하게 된다. 이런 식으로 비시민권자들은, 많은 경우 공식적인 시민권을 취득할 필요가 없는 "후기(post)-국가적" 성원권을 소유한다. 그러나, 거주자가 여러 조건들을 충족시켜야만 후기-국가적 성원권을 점진적으로 축적해갈 수 있다는 것, 그래서 거주권을 상실하고 추방될 수도 있다는 것, 그리고 불법 이주자는 후기-국가적 성원권이 거부될 수 있다는 것 등과 같은 한계가 존재한다.

모든 주민들을 위한 거주지 기반 시민권이 국가 복지 시스템을 고갈시킬 수 있다는 우려는 다음과 같은 방법으로 해결할 수 있다. 첫째, 국가 복지 시스템을 완전히 폐지하는 것이다. 프리드먼(2009)은, 그렇게 되었을 때 이주자의 존재로 인해 오히려 "모든 사람들이 혜택을 받을 수 있을 것"이라고 주장했다. 이러한 선택은 "우연적(으로 그렇게 될) 가능성(contingent possibility)"이 있을 수 있지만, 필자는 그것이 인구의 많은 부분에 재앙적인 결과를 초래할 것이라고 생각한다. 사회 정의 관점에서 이 선택은 받아들일 수 없다. 개방국경과 거주지주의 시민권을 주장하는 것은, 비록 복지 시스템을 완전히 철폐하는 것은 아닐지언정, 그것을 급격히 축소시키는 결과를 초래할 수도 있다는 점을 우리는 유념해야 한다.

두 번째 선택은 이주자들이 사회 프로그램 및 복지 서비스에 대한 후기-국가적 자격을 획득하도록 허용하는 것이다. 현재 많은 국가들에서 시민들조차도 사전 기부를 한 후에만 사회 복지 서비스를 받을 자격을 부여받을 수 있도록 하고 있다. 예를 들어, 시민들은 고용되어 있는 기간 동안 실업 보험 시스템에 보험금을 지불한 경우에만 이후에 실업 수당을 받을 수 있다. 퇴직 및 기타 혜택에도 대체로 동일한 정책이 적용된다. 거주지 기반 시민권을 지닌 이주민들도 같은 방식으로 처리되는 것이 필요하다. 그들에게 기본적인 생계 지원을 하는 것이 공공 재정을 엉망으로 만들지는 않는다. 왜냐하면 이주자들은 대부분 생계 자체가 위험에 처해 있는 경우가 아니며, 더 나은 삶을 추구하는 경제적 기회를 모색하는 경향이 있기 때문이다. 이주민에 대한 기본적인 생계 지원의 자격 기준이 거주 기간이나 기여 정도를 반영하여 설정될 수 있는데, 결국 그러한 비용 편익 계산에는 좀 더 상세하게 이주민이 거주국의 순이익 창출에 기여하고 있다는 점을 고려해야 한다.

자격의 기준이 거주 기간이나 기여 정도가 어떤지에 따라 달라질 수 있지만, 그러한 비용 편익 계산에는 이주민이 거주국의 순이익 창출에 기여하고 있다는 점을 고려해야 한다. 예를 들어, 새로 도착한 청년 이주민의 경우, 정착국에서 아동 및 청소년기를 보내지 않았기 때문에, 그 시기 동안 정착국 정부가 부담해야 하는 보건 및 사회 보장 서비스의 비용은 '절감'된다. 한 개인이 성장하여 소득을 올리고 세금을 내기 전까지 아동기 및 청소년기에 발생하는 보건 및 사회 보장 서비스(예를 들어, 출산 전 관리에서 학교 교육에 이르는) 같은 비용을 정착국 정부가 부담하지 않아도 되는 것이다. 또한 이러한 계산에는 새로 도착한 이주민이 앞으로 기여하게 될 부분들에 대해서도 고려되어야 한다. 어쨌든 요점은 시민권 원칙으로서의 거주지주의가 실재하는 모든 거주자들이 누려야 할 체류의 권리 및 법적 평등과 연관되어야 한다는 점, 그리고 사회 및 복지 서비스는 이주자의 필요 여부, 사전 기여도, 미래의 혜택 정도 등을 포함한 여러 상황들을 고려하여 제공되어야 한다는 점이다.

## 결론

이주자를 수용할 수 있는 시민권 원칙에는 거주지 시민권 원칙뿐만 아니라 다른 시민권 원칙들도 존재한다. 예를 들어, 결합주의(yus nexus) 시민권은 국가 정치로의 "연결, 뿌리내림, 또는 결합"을 요구한다(Shachar, 2011, 116). 미국의 보수 단체들을 포함하여 이를 옹호하는 단체들은 공동체에 유입된 불법 이주자를 그 구성원으로 포함시킬지에 대한 논의에서 이러한 결합주의를 지지하고 있다(Sutherland Institute, 2011). 비슷한 맥락에서 "이해관계자" 시민권이란 것이 있는데, 이는 국가의 입장에서 보았을 때 현재 국내에서 미래의 이해관계를 가진 채 살아가고 있는 외국 출신 이주자뿐만 아니라 여전히 국내 문제와 유대 관계를 유지한 채 외국에서 살아가고 있는 자국 출신 이주자에게도 적용될 수 있다(Bauböck, 2008). 그러나 거주지주의 시민권과는 달리, 결합주의 시민권과 이해관계자 시민권은 해당 주민이 영토 내 정치 조직체에 반드시 거주할 것을 요구하지는 않는다. 더욱이 이 두 가지의 시민권은 정도와 해석의 문제를 야기할 수 있는 모호한 기준을 상정하고 있기 때문에, 만약 국가가 어떤 사람에게 성원권을 주고 싶지 않다면 얼마든지 조작하는 것이 가능하다. 예를 들어, 어떤 정부는 불법 이주자가 공공 및 시민 생활에 참여하는 것을 거부하고, 재산을 취득하지 못하도록 하며, 비공식 경제에서 일하면서 모습이 드러나지 않은 채 살아가도록 강요하곤 한다. 이런 식으로 정부는 이주자들이 사회적으로 관계를 맺고 이해관계자가 되는 것을 억제한다. 따라서 결합주의 시민권과 이해관계자 시민권은 거주지 기반 시민권이 가지고 있는 중요한 특성, 즉 영토 내에 존재하는 모든 거주자가 시민권 부여 대상자라고 보는 입장과는 거리가 멀다. 거주지주의 원칙은 "영토 내에 존재하고 있느냐의 여부를 시민권 취득을 위한 가장 중요한 기준으로 삼고 있다"(Shachar, 2009, 179). 임시 이주자나 불법 이주자, 또는 다른 비시민 거주자를 배제하지 않고 모든 거주자를 포함하는 것이다. 이 이주자들은 사회의 실재적 구성원이며, 경제적 기여와 공민으로서의 기여, 그 외 가치로운 기여들을 하고 있다. 그러므로 그들은 거주지 기반 시민권을 가질 자격이 있는 것이다.

거주지주의 원칙에 따라 시민권을 부여하게 되면, 임시 이주자와 불법 이주자들이 직면하는 정치적 배제, 노동 착취, 인간적 고통 등 많은 문제들을 해결할 수 있을 것이다. 시민권을 갖게 된다면 그들의 취약성을 야기하는 중요한 원인이 제거되기 때문이다. 물론, 시민권이 주어진다 해도, 이주자들은 인종 및 다른 형태의 차별 관행, 시간이 지남에 따라 축적되어야 하는 사회 복지 혜택에 대한 불평등한 접근, 또는 이주 및 정착 과정에서 치러야 하는 개인적 어려움과 재정적 비용 등을 감당해야 하기 때문에 여전히 취약한 위치에 놓이게 될지도 모른다. 그러나 공식적인 시민권을 갖지 못했을 때 벌어지는 일들, 즉 범인 취급을 받고, 정치적으로 사회적으로 배제당하고, 경제적으로 착취의 대상이 되는 그런 일들은 사라지게 될 것이다. 개방국경과 거주지 시민권을 결합하는 것은 평등, 정의, 형평성, 억압으로부터의 자유 등 인류애를 추구하는 여정을 밟아나가는 데 크게 기여하게 될 것이다.

거주지 기반 시민권을 이주자에게 확대한다면, 이주자 수용 사회의 경우에도 마찬가지로 여러 혜택이 주어지게 된다. 불법 이주자의 문제점으로 자주 언급되는 주장은 그들이 소득세와 기타 세금들을 납부하지 않는다는 것이다. 만약 이주자들이 시민권을 부여받는다면, 세금은 필수적으로 납부해야 한다. 많은 불법 이주자들이 이런 식으로 사회에 기여할 수 있다면, 그것은 아주 좋은 일일 것이다. 그런데 그 반대의 상황은 오히려 초국가적으로 활동하는 엘리트들에게서 더 많이 벌어지고 있다. 즉, 세법이 더 유리한 해외로 자신의 자본과 법적 지위를 이동시킴으로써 그들이 실제로 거주하는 국가에서는 세금을 회피하는 경우가 종종 발생한다. 거주지 기반 시민권은 이러한 행위를 오히려 약화시킬 것이다. 거주지주의 원칙은 사람들의 국가 간 유출과 유입의 흐름이 더욱 원활하고 투명하게 이루어지도록 해 줄 것이며, 엘리트 이주자, 이주 노동자, 난민, 그리고 더 나은 삶을 추구하거나 가족과 재결합하기 위해 이동하는 모든 이주자들을 평등하게 처리해 줄 것이다.

만약 거주지주의 원칙이 전 세계적으로 채택된다면, 이주자들은 항상 그들이 실제로 거주하는 관할권의 시민권만을 소유하게 될 것이다. 현재 상황을 감안할 때, 거주지주의 원칙이 전 세계적으로 채택될 가능성은 거의 없어 보인다. 한편으로, 거주지주의 원칙이 보편적인 자유를 누리도록 하는 것이라고 호소하는 것은, 현대 세계 정치에서 상당한 도덕적 압박으로 작용할 수 있다. 다른 한편으로, 국민 국가들은 각자의 주권을 주장하면서 자원을 놓고 서로 경쟁을 하고 있기 때문에, 원하는 이주자를 선택하고 원하지 않는 이주자를 배제하는 이주 및 시민권 정책을 아마도 계속 만들어갈 것이다. 또한 이주자를 배제, 착취하는 시민권 정책과 더불어 해외에 거주하는 국외이탈 및 디아스포라 인구를 활용하기 위한 시민권 정책을 전략적으로 계속 조정해갈 것이다. 이러한 "초영토적(extraterritorial) 시민권"을 실행하는(Ho, 2011) 것도 마찬가지로 거주지주의 원칙에 위배된다. 실제로, 거주지 기반 시민권을 글로벌 차원에서 구현하는 것은 이주의 자유가 보장되는 지평을 향한 경로에서 여전히 요원해 보이는 기준점이다.

거주지주의 원칙은 모순을 불러일으키는데, 이는 파시빌리아(possibilia)의 범위 안에 광범위한 변형이 이루어진다는 것을 보여 준다. 특히, 거주지 기반 시민권은 영토성(territoriality)을 분명한 전제로 삼고 있다. 사실 "거주지"라는 개념 자체는 사람이 사는 영토를 강조하는 것이기 때문에 본질적으로 영토적이다. 그런데 이 영토적 원칙은 영토를 가로질러 점점 더 이동성이 높아진, 그래서 특정 거주 장소가 정해지지 않은 인구를 특정 영토에 수용할 수 있도록 해 준다는 점에서 그 자체가 모순적이다. 물론 이 장에서 나는 애당초 국가가 영역, 즉 경계 그어진 영토를 점유하고 있다고 가정했다. 실제로 오늘날의 세계에서 국가의 영토성은 분명한 사실이며, 따라서 이 개념이 사람들의 정치적 상상 속에 너무 확고하게 자리 잡고 있기 때문에 다른 방식으로 정치적 공동체가 조직될 수 있다고 생각하는 것은 거의 불가능하다(Wimmer and Glick Schiller, 2002). 이렇듯 영토적 시민권은 "재분배적(redistributive) 정치"를 조직하는 상상 가능한 유일한 방법인 듯하다(Kostakopoulou, 2008, 125). 따라서 필자는 "중간적 수준(meso-level)"(Bauder and Matheis, 2016)의 정책 도구를 제안하고자 했다. 이는 국경을 넘어 경계 내의 정치적 영토에 거주하게 된 이주자가 경험하는 불평등한 대우, 사회적 불의, 그리고 여러 형태의 억압 등에 먼저 주목해 보자는 것이다. 영토적 시민권과 인간의 이동성 사이의 모순을 정치적 영토성의 틀 안에서 이론적으로나마 해결하는 것은 불가능하다. 그러나 모순이란 것은 자유, 평등, 정의를 향한 지속적인 변증법상에 놓여 있는 것이고, 따라서 새로운 합을 도출하기 위한 과정상의 문제인 것이다.

### 참고문헌


Arendt, Hannah. 1968. *Men in Dark times.* San Diego, CA: Harvest Books.

Arendt, Hannah. 1985 [1948]. *The Origins of Totalitarianism.* Orlando, FL: Harvest.

Austin, Carly and Bauder Harald. 2012. "Jus Domicile: A Pathway to Citizenship for Temporary Foreign Workers." In *Immigration and Settlement: Challenges, Experiences, and Opportunities,* edited by Harald Bauder, 21-36. Toronto: Canadian Scholars' Press.

Bauböck, Rainer. 1994. *Transnational Citizenship: Membership and Rights in International Migration.* Northampton: Edward Elgar Publishing.

Bauböck, Rainer. 2008. "Stakeholder Citizenship: An Idea Whose Time Has Come?" Migration Policy Institute. Accessed April 23, 2012. http://www.migrationpolicy.org/transatlantic/docs/Baubock-FINAL.pdf.

Bauder, Harald. 2013. "Why We Should Use the Term Illegalized Immigrant." *RCIS Research Brief* 2013/1. Accessed January 26, 2016. http://www.ryerson.ca/rcis/publications/rcisresarchbriefs/index.html.

Bauder, Harald and Christian Matheis, eds. 2016. *Migration Policy and Practice: Interventions and Solutions.* New York: Palgrave Macmillan.

Blank, Yishai. 2007. "Spheres of Citizenship." *Theoretical Inquiries in Law* 8(2): 410-452.

Bosniak, Linda S. 2000. "Citizenship Denationalized." *Indiana Journal of Global Legal Studies* 7(2): 477-509.

Bosniak, Linda. 2007. "Being Here: Ethical Territorial Rights of Immigrants." *Theoretical Inquiries in Law* 8(2): 389-410.

Bosniak, Linda S. 2010. No title. In *Immigrants and the Right to Stay*, edited by Joseph Carens, 81-92. Cambridge, MA: MIT Press.

Carens, Joseph. 2010. "The Case for Amnesty." In *Immigrants and the Right to Stay*, edited by Joseph Carens, 1-51. Cambridge, MA: MIT Press.

Castles, Stephen and Davidson Alastair. 2000. *Citizenship and Migration: Globalization and the Politics of Belonging*. New York: Routledge.

Ceobanu, Alin M. and Escandell, Xavier. 2011. "Paths to Citizenship? Public Views on the Extension of Rights to Legal and Second Generation Immigrants in Europe." *British Journal of Sociology* 62(2): 221-240.

Cresswell, Tim. 2006. *On the Move: Mobility in the Modern Western World*. New York: Routledge.

European Commission. 2014. "Free Movement: Commission Publishes Guide on Application of 'Habitual Residence Test' for Social Security." Press release, January 13. Accessed November 9, 2015. http://europa.eu/rapid/press-release_IP-14-13_en.htm.

Faist, Thomas. 1995. "Boundaries of Welfare States: Immigrants and Social Rights on the National and Supranational Level." In *Migration and European integration: The Dynamics of Inclusion and Exclusion*, edited by Robert Miles and Diethrich Thränhardt, 177-195. Cranbury, NY: Pinter Publishers.

Friedman, Milton. 2009. "Illegal Immigration." YouTube, December 11. Accessed October 18, 2015. https://www.youtube.com/watch?v=3eyJIbSgd SE.

Gosewinkel, Dieter. 2001. *Einbürgern und Ausschlieblen: Die Nationalisierung der Staatsangehörigkeit vom Deutschen Bund bis zur Bundesrepublik*

*Deutschland.* Göttingen: Vandenhoeck and Ruprecht.

Grawert, Rolf. 1973. *Staat und Staatsangehörigkeit: Verfassungsgeschichtliche Untersuchungen zur Entstehung der Staatsangehörigkeit.* Berlin: Duncker and Humbolt.

Green, Simon. 2000. "Beyond Ethnoculturalism? German Citizenship in the New Millennium." *German Politics* 9(3): 105-124.

Hammar, Tomas. 1990. *Democracy and the Nation State: Aliens, Denizens and Citizens in a World of International Migration.* Avebury: Gower Publishing Company.

Ho, Elaine Lynn-Ee. 2011. "'Claiming' the Diaspora: Elite Mobility, Sending State Strategies and the Spatialities of Citizenship." *Progress in Human Geography* 35(6): 757-772.

Human Rights Watch. 2014. *World Report 2014: Events of 2013.* New York: Human Rights Watch. Accessed December 21, 2015. http://www.hrw.org.

IOM. 2014. *Global Migration Trends: An Overview.* Accessed December 16, 2015. http://missingmigrants.iom.int/sites/default/files/documents/Globa1_Migration_ Trends_PDF_FinalVH_with%20References.pdf.

Isin, Engin F. 2012. *Citizens without Frontiers.* New York: Bloomsbury.

Jamal, Manal A. 2015. "The 'Tiering' of Citizenship and Residency and the 'Hierarchization' of Migrant Communities. The United Emirates in Historical Perspective." *International Migration Review* 49(3): 601-632.

Kostakopoulou, Dora. 2008. *The Future Governance of Citizenship.* New York: Cambridge University Press.

Levanon, Asaf and Noah Lewin-Epstein. 2010. "Grounds for Citizenship: Public Attitudes in Comparative Perspective." *Social Science Research* 39: 419-431.

OECD. 2015. "2014 Model Convention with Respect to Taxes on Income and on Capital." Accessed November 2, 2015. http://www.oecd.org/ctp/treaties/2014-model-tax-convention-articles.pdf.

Passel, Jeffrey S. and D'Vera Cohn. 2015. "Unauthorized Immigrant

Population Stable for Half a Decade." Pew Research Centre, July 22. Accessed December 16, 2015. http://www.pewresearch.org/fact-tank/2015/07/22/unauthorized-immigrant-population-stable-for-half-a-decade/.

Raijman, Rebeca, Eldad Davidov, Peter Schmidt, and Oshrat Hochman. 2008. "What Does a Nation Owe Non-Citizens? National Attachments, Perception of Threat and Attitudes towards Granting Citizenship Rights in a Comparative Perspective." *International Journal of C!omparative Sociology* 49(2-3): 195-220.

Reichs- und Staatsangehörigkeitsgesetz. 1913. DocumentArchiv.de. Accessed February 1, 2016. http://www.documentarchiv.de/ksr/1913/reichs-staatsangehoerigkeitsgesetz.html.

Rousseau, Jean-Jacques. 2003 [1762]. *On the Social Contract*, translated by George D. H. Cole. Mineola, NY: Dover Publications.

Shachar, Ayelet. 2009. *The Birthright Lottery: Citizenship and Global Inequality.* Cambridge, MA: Harvard University Press.

Shachar, Ayelet. 2011. "Earned Citizenship: Property Lessons for Immigration Reform." *Yale Journal of Law and the Humanities* 23: 110-115.

Soysal, Yasemin N. 1994. *Limits of Citizenship: Migrants and Postnational Membership in Europe.* Chicago, IL: University of Chicago Press.

Stevens, Jacqueline. 2010. *States without Nations: Citizenship for Mortals.* New York: Columbia University Press.

Sutherland Institute. 2011. *Immigration and Utah's Latin Problem.* Accessed April 23, 2012. http://www.suther1andinstitute.org/uploaded_files/sdmc/Utahs%20Latin%20Problem-012011-230pm.pdf.

US Department of Homeland Security. 2015. *Profiles on Naturalized Citizens.* Accessed December 21, 2015. http://www.dhs.gov/profiles-naturalized-citizens-2013-country.

Wimmer, Andreas and Nina Glick Schiller. 2002. "Methodological Nationalism and Beyond: Nation-State Building, Migration and the Social Sciences." *Global Networks* 2(4): 301-334.

6장

# 이주자 보호도시

도시의 공기가 당신을 자유롭게 한다

중세 법률 속담

유럽의 중세 도시들에서는 악취가 풍겼다! 주민들이 공공장소에 버린 쓰레기 썩은 냄새, 진흙길을 배회하던 돼지 거름 냄새가 났다. 오물로 인해 유행병이 퍼졌고, 수천 명이 전염병으로 사망하기까지 이르렀다. 이처럼 도시의 공기는 혐오스러웠지만, 이것을 상쇄하는 한 가지 특성이 있었다. 바로 이 공기를 들이마신 사람은 자유로워질 수 있었던 것이다. 농노들은 시골에서 도시로 이주하게 되면서 봉건제도의 굴레에서 벗어날 수 있었다. 일 년하고도 하루 동안 "도시의 공기"를 마신 후, 이들은 자유를 얻어 시민이 될 수 있었다(Schwarz, 2008).

12세기 초까지만 해도 독일 제국에는 도시가 거의 없었고, 기존의 많은 도시들은 천 년 전 로마인들에 의해 세워진 것이었다. 1120년에 법적 자치권을 받은 프라이부르크임브라이스가우(Freiburg im Breisgau)의 건설(그림 6.1)은 새로운 시대의 시작을 알렸다. 이 도시는 중부 유럽 전역에 걸쳐 자유 도시의 설립 열풍을 불러일으켰다. 이 도시의 주민들은 흔히 자유 시민들(free citizens)이었다.

프랑크푸르트암마인(Frankfurt am Main), 함부르크(Hamburg), 뤼네부르크(Luneburg), 취리히(Zurich)와 같은 도시가 급속히 성장하는 데는 도시 거주자들에게 자유를 부여하는 중세의 법적 관행이 큰 영향을 미쳤다. 이 도시들은 매년 100명 이상의 새로운 시민을 받아들였다(Schwarz, 2008, 108). 중부 유럽의 중세 도시들은 오늘날에 비하면 규모가 작았기 때문에 (인구 10,000명을 거의 초과하지 않았다) 도시 인구는 상당히 빠르게 증가하였다. 이에 따라 새로운 주민을 받아들일 수 있는 도시의 수용력(capacity)은 커졌을 것이다. 결과적으로 도시들이 이주자들까지 시민으로 받아들이면서, 도시는 규모가 커지고 부를 쌓았으며, 정치적 영향력까지 갖게 되었다.

과거와 마찬가지로, 사람들은 오늘날 피난처를 찾고 자유를 얻고 기회를 좇기 위해 도시로 몰려든다. 국제 이주 기구(IOM, 2015, 39)에 따르면 런던, 로스앤젤레스, 뉴욕, 멜버른, 시드니, 오클랜드, 싱가포르와 같은 주요 도시의 외국 태생 인구(foreign-born population)는 35~40%에 이른다. 토론토의 외국 태생 인구는 46%, 브뤼셀은 62%, 두바이는 83%나 된다. 그러나 이 도시들의 많은 이주자는 자유 시민이 아니다. 사실, 중앙정부의 승인 없이 국경을 넘은 이주자들은 어느 도시에 정착한다한들 그 법적 지위를 인정받지 못한다. 이와 같은 불법화된 이주자들은 도시 공동체에 동등하게 참여하지 못하고 노동 시장에서 공정한 대우를 받지 못한다. 여기서 나는 중세 유럽의 도시들이 오늘날보다 더 공

그림 6.1 프라이부르크의 역사적인 상인회관 앞에서 중세복장을 한 투어가이드
출처: 저자 직접 촬영, 2015

평하고, 정의롭고, 포용적이었다고 말하려는 게 아니다. 사실, 유대인 공동체는 심각한 차별을 받았으며 도시에서 추방당하기도 했다. 흔히 특권을 가진 가문의 남성들만이 공직에 진출할 수 있었고, 대다수의 일반 시민들에게는 그 기회가 주어지지 않았다. 그럼에도 불구하고 흥미로운 점은 중세 시대에는 이주자들이 도시 스케일에 포섭되었고 "도시 공기가 당신을 자유롭게 한다"는 관련 법적 틀이 존재했다는 사실이다. 나는 이번 장에서, 다시 한번 도시가 이주자들이 속할 수 있는 정치적 단위(political unit)가 될 수 있을지를 현대의 관점에서 탐구해 보려 한다.

나는 앞장에서 이주자가 영토 국가의 구성원이 되는 방식에 대해 논의하였다. 이제는 도시 사회와 관련된 소속(belonging)의 문제를 다루려 한다. 다시 한번 우연적 가능성(the contingently possible)을 환기시키겠지만, 이번에는 국가 스케일보다 도시 스케일에서 살펴보겠다. 도시지리학자 데이비드 하비(David Harvey)의 연구는 우연적으로 가능한 것이 어떻게 진보적인 도시 변화를 이끌어 내는지를 보여 준다. 비록 그가 "우연적으로 가능하다"는 용어를 사용하지는 않았지만 "무엇이든 구체화되려면 제도적 구성과 공간적 형태가 일정기간 고정된 형태를 띠어야 한다"(Harvey, 2000, 188)는 것을 알아차려야 한다. 나는 하비에 이어, 도시가 어떻게 이주자를 포용하는 제도적 구성과 공간적 형태로서 기능하는지를 알아볼 것이다. 하비 또한 그러한 가능성이 "현재 우리가 가지고 있는 원료의 가시적인 변형"을 포함한다는 것을 알아차렸다(Harvey, 2000, 191). 그는 꿀벌과 건축가에 대한 칼 마르크스(Karl Marx)의 유명한 비유를 들며 자신의 요점을 설명한다. 건축가는 어느 주택을 건설할 때, 사용 가능한 자원과 재료, 기존의 수단과 기술, 시공간적 제약을 기반으로 한다. 이것은 마치 꿀벌과도 비슷하다. 하지만 건축가가 꿀벌과 다른 점은 상상력과 창의력을 발휘해 새롭고 잠재적으로 변형될 수 있는 무언가를 만들어 낸다는 것이다(Harvey, 2000, 199-212). 같은 방법으로, 도시의 정치 행위자들은 기존의 지방행정, 법적 틀, 정치적 개념을 이전과는 다른 방식으로 활용함으로써, 도시 공동체가 지금껏 배제되었던 이주자들을 포용할 수 있도록 해나가고 있다. 선천적인 행동구조를 따르는 꿀벌과 달리, 이들은 도시 정치가 어떻게 행해져야 하는지, 누가 속하고 속하지 않는지를 두고 기존의 지침서(pre-written script)를 따르지 않는다. 이처럼 도시의 정치 행위자들은 기존의 구조와 개념을 전복적으로 활용함으로써 우연적인 가능성을 만들어 낸다.

유토피아적 가능성과 도시의 모습은 "오래전부터 얽혀 있었다"(Harvey, 2000, 156). 르코르뷔지에(Le Corbusier), 에버니저 하워드(Ebenezer Howard), 프랭크 로이드 라이트(Frank Lloyd Wright)가 구상했던 19세기와 20세기의 도시 유토피아가 떠오른다. 이 구체적인 도시 유토피아는 당대 도시들의 변증법적 부정(否定)과 유사하다(Fishman, 1982). 그러나 모든 구체적 이상향과 마찬가지로, 도시 유토피아는 진보적인 도시변화를 지향하면서도 도시생활을 악몽으로 만들어버릴 수 있다. 하비는 이러한 현대적 도시 유토피아가 도시를 통제, 감시, 권위주의의 공간으로 그려낸다고 보았다. 이 특성들은 즉흥성을 억제시키고, 각본 없는 열린 미래의 가능성을 부정한다. 심지어 하비는 도시영웅 제인 제이콥스(Jane Jacobs)의 비전에 "사회생활의 기반으로서 이웃과 공동체라는 유기적 개념에 숨겨진 권위주의"가 내포되어 있다고 보고, 이것이 폐쇄공동체(gated communities)와 쇼핑몰을 비롯한 배제의 구조들을 양산한다고 비판하였다(Harvey, 2000, 164). 같은 맥락에서 철학자 앙리 르페브르(Henri Lefebvre)는 19세기 도시 유토피아가 정치와 계급투쟁으로부터 자유로워지면서, 도시의 정치적 성격을 부정하게 되었다고 주장하였다. 이때 탈정치적 유토피아에서는 도시를 "단지 도시의 거주민이 아닌, 노동 분업, 사회계급, 계급투쟁으로부터 자유로운 시민으로 구성된 곳이자, 이 시민들이 공동체를 구성해 자유로이 연합하는 곳"으로 그려낸다(Lefebvre, 1996, 97). 하비와 르페브르의 말처럼, 오늘날 필요한 것은 정치가 결여된 도시의 비전이 아니라 모든 주민을 포용하는 개방적인 미래에 대한 파시빌리아(possibilia)이다. 나는 다음 장에서 이 개방적인 미래에 대해 논의하겠지만, 그전에 도시 스케일에서 발생하는 우연적 가능성에 대해 탐구하고자 한다.

## 스케일에 대하여

정치지리학자 존 애그뉴(John Agnew, 1994)는 영토 국가(territorial nation state) 외의 방식으로 정치 조직을 생각하지 못하는 것을 두고 "영토적 함정(territorial trap)"이라고 일컬었다. 이 함정은 이민을 통제하는 데도 분명하게 작동한다. 법학자 캐서린 도베르뉴(Catherine Dauvergne, 2008, 173)는 "국경을 통제하는 주권 국가의 모습은 우리가 글로벌 이주를 체계화시키기 위한 다른 방식을 상상할 수 없게 만들 정도로 매우 강력한 이미지"라고 주장한다. 오늘날과 유럽 역사의 초창기 간에는 또 다른 유사점이 발견된다. 정치학자 마크 솔터(Mark Salter, 2011, 66)는 아래와 같이 설명한다.

> 주권은 본질이 없으며, 주권을 가시화하는 "반복적인 정형화된 행위들(stylized repetition of acts)"을 통해 계속해서 표출되어야 한다. 이에 따라 국가는 정책, 행동 및 관습을 통해 주권자로서의 역할을 수행하게 된다. - 그리고 이러한 양상은 인구, 영토, 정치 경제, 소속, 문화에 대한 국가의 통제가 매우 불확실할 때, 특히 국경에서 더욱 가시화된다.

우리가 국가적 주권의 본질에 의문을 가져야 하듯, 국가만이 이주와 정치적 소속을 구성할 수 있는 유일한 스케일이라고 여겨서는 안 된다. 그러나 국경 및 이주 연구는 국가라는 '담지체(container)'를 매우 당연한 분석 단위로 활용하고, 그렇게 함으로써 종종 이것을 구체화시킨다. 예를 들어, 연구자들은 국가 간 경계를 넘는 사람, 한 국가에 거주하는 이주자 및 중앙정부가 귀화를 승인한 사람 수에 대한 정보를 수집할 때, 국가 스케일의 데이터를 수집하는 경향이 있다. 그리고 데이터를 분석할 때도 그 결과를 국가 범주로 정리한다. 기존의 연구들은 이와 같은 방식으로 국가를 이주와 소속이 상상되는 유일한 스케일로 재생산해낸다. 안드레아스 위머와 니나 글릭 쉴러(Andreas Wimmer and Nina Glick Schiller, 2002)는 이러한 국가 단위의 구체화를 '방법론적 국가주의'라고 부른다. 이들은 이주 과정을 보다 정확하게 파악하기 위해서는 "방법론적 국가주의에 맹목적인 자들을 밀쳐내야" 한다고 주장한다(Wimmer and Glick Schiller, 2002, 326).

방법론적 국가주의에 대한 비판은 공동체에 속한 이주자들을 상상할 때도 적용된다. 소속이 지역, 로컬 혹은 그 외 스케일이 아닌 국가 스케일로 구성되어야 하는 이유는 무엇인가? 보통 거주지란 국가 외의 지리적 스케일과 관련이 있다. 예를 들어, 어느 한 개인은 국가보다는 지역, 도시의 거주자 또는 유럽과 같은 초국가적 실체의 거주자로 간주될 수 있다. 마찬가지로, 거주지를 기반으로 한 시민권이 반드시 국가 스케일에 고정되어있다고 생각해서는 안 된다. 사실 "국가"는 거주지주의 원칙이 제정되어야 하는 가장 직관적인 스케일이 아닐 수도 있다. 5장에서 살펴본 바와 같이, 소속을 마치 혈연적으로 상속된 성원권(inherited membership)으로 간주하는 방식을 통해 흔히 국가가 상상되는데, 거주지주의 원칙은 궁극적으로 이러한 관념에 반대한다. 물론 이민을 규제하고 시민권의 틀을 잡는 데 있어 그 무엇보다 국가 스케일을 가장 우선시하는 현재의 관례는 그간의 역사적 발전을 반영하는 것이기도 하지만, 그렇다고 해서 공식적인 소속이 유효한 스케일을 국가 스케일로 제한해서는 안 된다.

국제관계학자 스티븐 크래스너(Stephen Krasner, 2000, 124)는 영토적 함정과 방법론적 국가주의에 반대하는 입장을 명료하게 표현한다. 그는 베스트팔렌 주권 국가 모델이 "상상을 제한하지 않았다"라고 이야기한다. 오히려 그는 정치 지도자들이 줄곧 제국, (영연방과 같은) 연방국, (유럽연합과 같은) 초국가적 독립체, (남극과 같은) 공유 영토 및 [안도라(Andorra)와 같은] 공국을 비롯한 체계들, 즉 베스트팔렌 질서를 따르지 않는 권위체계들을 만들어 왔다고 주장한다. 정치적 관행들은 항상 이러한 방식으로 영토 국가의 구성에 도전해 왔다. 이와 같은 크래스너의 논지는 때때로 다른 국가 사안에 대한 군사적 개입과 정치적 개입을 정당화하는 근거로 활용될 수 있는 한편, 대안적인 정치 공동체 및 소속을 구상하는 데 있어 영토적 함정에서 탈피할 수 있도록 한다.

이주와 소속과 관련하여, 도시 스케일의 정치적 관행은 영토 국가 건설에 주요한 도전 과제를 던져왔다. 도시 스케일과 국가 스케일 사이에는 변증법적 모순이 있다. 국가 스케일에서 "이주자"란 기본적으로 국경을 넘는 사람으로 정의된다. 국가는 어떤 이주자들이, 어떤 상황에서 국경을 넘을 수 있는지를 추려낸다. 그리고 국가 스케일에서 행해지는 법적 관행들은 "사람들을 불법으로 만든다"(Dauvergne, 2008). 그러나 대다수의 이주자가 거주하고, 일하고, 자녀를 학교에 보내고, 나이가 들어 결국 죽는 곳은 다름 아닌 도시이다. 결과적으로 도시는 이주자를 정책에 포함시키고 이들에게 교육, 공공안전, 보건 및 기타 사회서비스를 제공해야 하는 실질적인 문제에 직면해 있다. 이러한 이유로 시 정부와 행정이 상급의 중앙정부의 이주 정책에 반대하는 목소리가 더욱 커지고 있다. 마치 중세 유럽을 회고하듯, 도시들은 독립을 주장하고 있는 것이다(Barber, 2013).

게다가 국가의 이주 정책은 국경에서는 점점 덜 집행되는 한편, 도시에서는 더욱 빈번하게 집행되고 있다. 예를 들어, 도시 내 직장, 버스 정류장, 학교 및 공공장소에서 불법 이주자들을 찾아내 구금 및 추방시키는 일이 발생한다. 미국의 경우, 이주-치안(migration-policing)에 대한 책임이 도시로 이양되었고, 이에 따라 도시는 "외국인 신분 또는 비시민권 신분에 근거해 차별할 수 있게" 되었다(Varsanyi, 2007, 877). 이전 장에서 진보의 가능성에는 변증법적 부정이 따른다고 강조했던 것처럼, 도시 스케일은 이주자의 포용을 강화하거나 때로는 약화시킬 수도 있다. 나는 이 위험을 염두에 두고, 다음 절에서 도시 소속의 가능성을 살펴보도록 하겠다.

## 도시 시민권

'도시(city)'와 '시민권(citizenship)'은 같은 어원을 가지고 있다. 본래 시민권은 도시적 개념이었는데 근대에 이르러서야 국적과 관련지어졌다(Sassen, 2008). 오늘날 시민권은 영토 국가에 대한 공식적 성원권을 나타낸다. 나는 이 절에서 과연 우리가 도시적 개념으로서의 공식적 시민권으로 되돌아갈 수 있는지, 그리고 이것이 현대의 맥락에서는 어떻게 비추어질 것인지를 알아보려 한다.

"도시에 대한 권리"에 관한 르페브르(1996)의 연구는 도시 소속(urban belonging)을 이론화하기 위한 좋은 시작점이 된다. 르페브르는 도시에 대한 권리와 도시 내 **존재**를 연관 짓는다. 즉, 사람들은 자신이 국가의 시민인지 혹은 임시 거주자나 불법 이주자인지 여부와 상관없이 도시에 대한 권리를 가지고 있다. 도시지리학자 마크 퍼셀(Mark Purcell, 2013, 142)의 말을 빌리자면, "어느 한 개인에게 도시에 대한 권리가 부여되는 근거는 국민 국가의 시민권이 아니라, 도시에 거주하는 일상적인 경험이다". 이처럼 도시에 대한 권리는 소속의 거주지주의 원칙을 상기시킨다. 즉, 도시에 거주하는 모든 사람은 그 도시에 대한 권리를 갖는다. 르페브르의 도시에 대한 권리는 복잡한 개념이며, 공식적 성원권 원리로 축소될 수 없기에 다음 장에서 그의 사상을 좀 더 정교하게 다루도록 하겠다. 지금은 **공식적** 성원권에 대해 논의하고, 거주지주의 원칙을 도시의 맥락에 적용해 보고자 한다.

이미 서구 자유민주주의에서는 [다른 나라에서는 주, 지방 또는 준주(準州)라고 불리는] 도시와 지방의 정치 조직체에 거주지주의 원칙이 적용되고 있다. 실제로 "지방과 지자체 당국은 **거주지주의**라는 유일한 자동 원칙을 가지고 있다"(Bauböck, 2003, 150). 그들은 국가의 시민들이 지역 사회에 자유롭게 들어올 수 있게 하고 이들을 정식 구성원으로 받아들인다. 로컬에 거주한다는 것은 사실상 지방선거 투표권을 비롯한 로컬 시민권(local citizenship)을 가지게 되는 것과 같다. 하지만 문제는 로컬 시민권이 국가 시민권(national citizenship)을 전제로 하고 있다는 사실이다. 대개 외국인들은 지방선거에서 투표할 자격이 없고, 국가가 불법이라고 규정한 이주자들 역시 도시 정치의 정식 구성원에서 배제된다. 비록 이주자들이 도시에 살며 일하고, 자녀를 학교에 보내고 지역 공동체에서 친구를 사귀며 지역 사회에 기여할 수 있음에도 불구하고, 국가는 이들의 로컬 성원권을 거부한다. 이처럼 누가 **로컬** 공동체의 정식 구성원인지 아닌지를 **국가** 당국에서 결정하는 것은 이치에 맞지 않는다.

이 문제에 대한 한 가지 가능한 해결책은 국가 시민권과 도시 시민권을 분리하는 것이다. 이 경우, 거주지에 기반을 둔 도시 시민권은 국가 시민권을 전제로 하지 않는다. 사회정치 이론가 라이너 바우뵈크(Rainer Bauböck, 2003, 150)에 의하면,

> 도시 시민권을 국가의 국민에 제한하는 것은 이것이 국가 헌법에 의해 강제되든 지방정부에 의해 채택되든 정당화될 수 없다. 도시는 더 큰 국가에 적용되는 성원권 규정에서 완전히 벗어날 필요가 있다.

바우뵈크는 도시와 주변 내륙지역의 자치권을 강화할 것을 제안한다. 이에 따라 이 도시 지역들은 모든 주민에게 시민권을 부여할 수 있는 권한을 가질 수 있게 된다. 예를 들어, 독일 국적의 가족은 캐나다 시민권

을 갖지 않고서도 토론토 대도시권(the Greater Toronto Area)의 시민이 될 수 있다. 하지만 이 해결책은 시민권에 부여된 권한을 둘러싼 도시 스케일과 국가 스케일 간 충돌을 야기할 수 있다. 예를 들어, 만약 캐나다가 국가 간 경계를 넘는 이주를 통제하게 되면 유럽에 있는 친척을 방문하거나 미국에서 휴가를 보낸 독일 국적의 가족은 토론토 대도시권으로 되돌아갈 수 없게 된다. 흥미롭게도 몇몇 국가들은 로컬 거주지 시민권(local domicile citizenship)을 이행하는 방향으로 나아가고 있다. 벨기에, 덴마크, 핀란드, 아일랜드, 리투아니아, 룩셈부르크, 네덜란드, 슬로베니아, 스웨덴의 경우, 유럽 시민권이 없는 주민일지라도 해당 국가로부터 그곳에 머무를 수 있다는 합법적인 허가를 받으면, 시의원 선거에 투표할 수 있다. 그 다음 조치로는 국가 스케일에서 불법으로 규정된 로컬 주민들에게도 시의원 선거권 및 여타 도시 시민권 권리를 부여하는 일이 될 것이다. 이렇게 함으로써 취약하고 불법화된 이주자들은 "국가 스케일에서는 이들에게 부여되지 않는 소속감을 함양하고 표현할 수 있는 기회"를 갖게 될 것이다(Allon, 2013, 254).

또 다른 해결책은 국가의 생득적 시민권을 없애고, 거주지를 국가 및 로컬 스케일 모두에 대한 유일한 시민권의 원리로 격상시키는 것이다. 이 경우, 뉴욕이나 로스앤젤레스에 거주한다는 것은 곧 미국에 거주한다는 것과 동일한 의미를 가지게 된다. 어느 한 도시의 시민이라면, 그는 늘 상위의 국가에도 상응하는 시민권을 가지게 될 것이다. 퍼셀(2002)이 제안한 해결책 또한 동일한 결과를 가져올 것으로 보인다. 즉, 도시는 국가 스케일을 넘어 공식적인 정치적 성원권을 위한 스케일로 격상될 수 있다. 예를 들어, 도시가 어느 한 거주자에게 공식적인 도시 시민권을 부여하면, 이 도시 시민권은 자동으로 그에게 국가 시민권까지 부여하는 셈이다. 이 경우, 국가 시민권의 관행 및 법률은 더 이상 도시가 거주지주의 원칙에 근거해 로컬 시민권을 부여하는 것을 제지할 수 없게 된다.

이처럼 거주지주의 원칙에 근거한 도시 시민권을 위한 제안은 '우연적' 가능성을 제시한다. 우리는 영토 거버넌스, 영토 시민권 개념을 비롯해 그 대안을 구상하기 위한 개념적 도구들을 가지고 있으며, 이를 위한 도시의 정치 시스템 또한 마련되어 있다. 또한 로컬에 대한 공식적 성원권은 이미 거주지주의 원칙을 따르고 있다. 현재 이 로컬 성원권 원칙은 국민에게만 적용되지만, 이를 불법 이주자를 비롯한 모든 사람에게 확대하는 것이 공상에 그치는 것은 아니다. 그 가능성을 상상하는 이러한 사고의 실험은 도시 관행을 고무시킬 수 있고, 그 관행이야말로 궁극적으로 구조적인 변화를 일으킬 수 있다.

## 도시 관행

현재의 정치 관행들은 상당 부분 거주지 기반의 도시 시민권을 행사하고 있다. 이와 관련하여 정치지리학자 모니카 바사니이(Monica Varsanyi, 2007)는 멕시코 정부가 해외에 거주하는 국민을 위해 발행한 신분증인 **영사증명서**(matrículas consulares)의 중요성을 강조하였다. 2001년 뉴욕과 워싱턴 테러공격으로 미국 연방정부 기관이 보안을 강화하면서, 이 신분증은 미국 내 멕시코 불법 이주자들에게 중요한 신분 확인 수단이 되었다. 2005년까지 미국의 수백 개 도시 행정부와 천 개 이상의 경찰기관에서 이 영사증명서를 유효한 신분증으로 인정하였다. 이러한 방법을 통해 지방 행정에서는 불법 이주자들이 사실상 지역 공동체의 구성원임을 인정하고 이들에게 필요한 서비스를 제공할 수 있다. 바사니이(2007, 312)는 다음과 같이 언급한다.

> 결국, 미국에서 도시 정치의 공식적 성원권 혹은 "도시 시민권"은 거주지주의 기준에 따라 확립된다. … 누가 도시로 이주해 올 수 있는가를 규제하는 이민 정책은 없다. 시 공무원들이 자신의 관할 구역에서 누구의 거주 및 성원권을 인정할 것인지 결정할 수 있는 것도 아니다. 따라서, (예를 들어, 시민에게 지방선거 투표권을 부여하는) 로컬 공동체의 공식적 성원권이란 사실상 지정(designation)의 문제일 뿐이다. 이것이 거주지주의의 기준이다. 즉, 당신이 어느 도시에 살고 있다면 당신은 곧 그곳의 시민인 셈이다.

도시들은 영사증명서를 인정함에 따라 로컬 스케일에서 거주지주의 원칙을 시행하고, 이주자를 도시 공동체에 받아들이고 있다.

한편 도시 행정뿐 아니라 시민과 이주자 또한 변화의 주체이다. 사실 이들은 대개 진보적인 도시정책의 원동력이다. 도시가 변혁적 행동주의(transformative activism)를 위한 중요한 전략적 장소가 되는 데는 몇 가지 요인이 있다. 첫째, 많은 이주자들은 도시의 밝은 빛에 이끌린다. 즉, 이들은 도시에서 기회를 찾고 호의적인 공동체를 만나며, 필요에 따라서는 익명으로 살아갈 수 있다. 따라서 도시는 대다수 이주자들이 거주하는 곳이자, 이들이 정치적 지지자 및 다른 사회적, 정치적 약자집단과 동맹을 맺는 곳이기도 하다. 둘째, 이주자들과 시민들은 로컬 스케일의 정치적 포용에 대해 자신들의 목소리를 내는 경향이 있다. 이 스케일이 중요한 가장 주된 이유는 바로 이 로컬에서 일상생활이 이루어지기 때문이다. 즉, 아이들은 학교에 다니고 지역에서 노동과 소비가 이루어지며, 공동체 또한 종종 지역 조건에 따라 구성된다. 셋째, 도시는 글로벌 자본과 정보 흐름이 만나는 지점이다. 도시에서 발생한 시위가 그 지역뿐 아니라 국가와 세계의 경제까지 혼란에 빠뜨리게 되면 시위가 행사하는 정치적 압력은 더욱 커진다(Sassen, 2011). 이러한 이유로 도시는 "정치적 행위와 반란의 중요한 장소"로 기능하게 된다(Harvey, 2012, 117–118).

2006년 미국 여러 도시에서 발생한 이주자 시위는 시위자들이 불법 이주자에 대한 포용을 지지하기 위해 도시 스케일을 활용하는 방식을 잘 보여 준다. 시위는 연방법, 이른바 국경 보호, 테러 방지 및 불법이민 통제법(HR4437)인 센슨브레너(Sensenbrenner) 법안이 발의되면서 불거졌다. 이 법안은 불법 이주자가 **되는 것** 혹은 불법 이주자에게 인도적 지원을 제공하는 것을 중범죄에 해당하는 행위로 규정하였다. 또한 이 법안에는 무허가 이주를 억압하는 다른 조치들도 포함되었다. 언론에 따르면, 2006년 3월 10일 시카고에서는 10만 명의 사람들이 거리로 나섰고 그 해 봄 로스앤젤레스와 댈러스에서는 50만 명이 시위를 벌였다. 이 외에도 100여 곳이 넘는 미국 도시에서 시위가 열렸다. 비록 이 시위들은 즉흥적으로 발생한 것처럼 보였으나, 시위 단체는 이주자 권리를 위한 광대한 도시 풀뿌리 네트워크를 필요로 했다. 이 네트워크가 만들어지기까지 수년이 걸렸으며, 여기에는 종교 공동체, 학생 집단, 민족 협회, 무국경 활동가 및 민족 미디어까지 포함되었다(Loyd and Burridge, 2007; Pantoja et al., 2008).

하비는 이 시위들이 도시 시위에 내재된 "집단적 잠재력"을 강하게 상기시킨다고 언급한다(Harvey, 2012, 118). 그가 보기에 이 시위는 "기본적으로 혁명에 관한 것이 아니라 권리의 주장에 관한 것"이었다(Harvey, 2012, 120). 시위대는 급진적 변화의 파시빌리아를 만들어 내기보다, 불법 이주자들이 기존의 국가 공동체 속에서 자격과 시민권을 획득할 수 있는 우연적 가능성을 모색함으로써 연방정부가 이주자를 범죄화하는 데 반대하였다. 이 목적을 강조하기 위해 시위자들은 국가적 상징을 불러내었다. 그들은 시내 거리를 거닐며 광장에 모여 미국 국가를 부르고 미국 국기(멕시코, 과테말라 및 기타 라틴 아메리카 국기도 함께)를 흔들며, 그들 스스로를 미국인이라고 선언했다(그림 6.2). 시위 중 많은 연설은 "신이여, 미국을 축복하소서(God Bless America)"*라는 표현으로 끝맺었다.

하지만 이 시위가 도시를 전략적인 장소로 활용했을지언정, 새로운 조건이나 로컬 스케일에서 시민권과 소속을 구성해 내지는 못했다. 오히려 시위자들은 국가의 기본 개념을 입증하고, 그들이 소속되고자 하는 합법적인 정치 조직체는 국가라는 사실을 재차 확인시켰다. 시위자들은 자신들을 배제시킨 국가 시민권이 결코 격하되는 것을 바란 게 아니다. 또한 미국이 그들을 '이방인'으로 정의하고 시민권을 박탈함으로써 불평등하게 대우, 착취 및 억압했음에도, 미국이라는 국가(또는 일반적인 국민 국가)가 사라지는 것을 바라지도 않았다. 시위자들은 미국을 상징하는 것들을 토대로 화해와 회유라는 정치적 전략을 추구했다. 비록 일부 시위자들은 의원들이 불법 이주자들에게 국가 시민권을 부여해 주기를 바랐지만, 그들의 목표는 의원들에게 호소함으로써 차별적인 법안이

* 역주: 'God Bless America'는 미국의 컨트리 음악이자, 제2의 미국 국가로도 여겨지는 대중적인 노래이다. '미국이 신의 축복 속에 건설된 국가'라는 표현은 미국인들의 애국심을 고취시킨다. 특히, 이 노래는 9·11 테러 희생자들을 기리는 추모 집회에서 가장 많이 불렸을 정도로(도정일, 2021), 외부 세력에 대한 미국인들의 단결력을 높이는 것으로 알려져 있다.

그림 6.2 HR4437 법안 항의 시위, 시카고, 2006
출처: 저자 직접 촬영

통과되는 것을 막는 것이었다. 결국 센슨브레너 법안은 통과되지 않았으나 불법 이주자들에게 거주지 기반의 국가 시민권이 부여되지는 않았다. 소속의 지리적 스케일을 재고하는 문제는 상정될 리 없어 보였다.

하지만 다른 도시 활동가들의 진취적인 행위들은 국가 스케일의 이주 및 시민권 정책에 도전하였고, 도시를 이주자 포용을 위한 스케일로 부상시켰다. 하나의 사례는 이주자 보호도시 운동이다. 이 운동은 종교 경전을 통해 전해진 종교 공동체의 이주자 보호관행으로부터 영감을 얻어, 그 관행을 비종교적인 지자체들로까지 확대시켰다. 미국의 초기 이주자 보호행동주의는 베트남전 참전을 거부한 군 징용자들과 중앙아메리카 내전에서 탈출한 난민들을 지원하였다. 오늘날 이주자 보호행동주의는 불법 이주자를 수용하는 도시 정책에 대한 지지 캠페인으로 잘 알려져 있다(Lippert and Rehaag, 2013; Ridgley, 2008).

이주자 보호도시 운동은 미국 전역의 수많은 도시에 큰 영향을 끼쳤다. 볼티모어, 시카고, 샌프란시스코 및 수십 개의 다른 도시들은 이주자 보호 법안을 통과시키거나 이주자 보호정책을 시행하였다. 일반적으로 이주자 보호조치는 연방의 이민 관련 법률을 집행하는 데 있어 지자체의 자원을 동원할 수 없게 한다. 가령, 시 직원은 개인 신분에 관한 정보를 수집 및 배포할 수 없으며, 지역 주민들의 신분 혹은 시민권과 상관없이 그들에게 지방 자치 서비스를 제공해야 한다. 도시 내 "존재"에 초점을 맞춘(Squire, 2011, 290) 이주자 보호정책은 지방 자치 스케일에서 거주지 기반 원칙을 효과적으로 구현해 낸다. 대개 이주자와 난민을 환대하도록 시당국에 로비를 하고, 시방 행성을 압박한 지속적인 캠페인의 결과로 이 정책이 시행될 수 있게 되었다.

이주자 보호도시 운동은 미국의 국경을 넘어 캐나다로 확산되었다.

2004년 토론토의 활동가들은 묻지도 말고 말하지도 말라(Don't Ask Don't Tell, DADT) 라는 캠페인을 시행하였다. 북미 전역의 도시들은 DADT 정책을 불법 이주자를 보호하기 위한 효과적인 도구로 활용하였다. 이 정책에 따라 시의 행정직원, 지방 자치 서비스 제공자, 학교 위원회 및 교육자, 때때로 시 경찰대는 거주자들에게 그들의 신분을 묻지 않으며, 만약 알게 되더라도 이 정보를 연방 당국과 공유하지 않는다. DADT 정책의 목표는 불법 거주자와 그들 자녀들이 공공 서비스, 도서관, 교육, 의료, 사회 주택, 피난처, 푸드 뱅크 및 공공 안전에 보다 잘 접근할 수 있도록 하는 것이다. 토론토 시 정부가 DADT 정책에 대한 활동가들의 요구에 응하자, 토론토 지방 교육위원회는 2006년 이 정책을 승인하였고 모든 학생들에 대한 교육권을 선언하였다(Berinstein et al., 2006; McDonald, 2012).

그러나 DADT 정책이 지지부진하게 이행되자 토론토의 활동가 커뮤니티는 이 사안을 더 밀어붙이게 되었다. 연대 도시 네트워크(Solidarity City Network)는 이주자 보호관행에 대한 토론토의 공약을 공식화하기 위해 캠페인을 주도하였다. 이 네트워크는 온타리오 법률연합, 빈곤에 대항하는 온타리오 연합, 불법인 사람은 없다(No One Is Illegal, NOU) 토론토 지부, 토론토 사회개발부처럼 다양한 커뮤니티 조직과 변호 단체들로 구성되었다(그림 6.3). 이 네트워크는 "이민 자격이 서비스 및 권리에 대한 접근을 판가름하는 요소가 되어서는 안 된다"(Solidarity City Network, 2013, 5)라고 주장하였다. 도시의 모든 주민은 학대, 구금 또는 추방에 대한 두려움 없이 살아갈 수 있어야 하고, 도시 서비스에 안전하게 접근할 수 있어야 하며, 도시 공동체에 기여하는 일원으로 인정받고 도시의 시민 생활에 참여할 수 있어야 한다.

그림 6.3 연대 도시 캠페인(Solidarity City campaign), 토론토, 2013

출처: 저자 직접 촬영

주: 사진 속 신문의 글 번역-연대의 도시를 만들어 우리의 도시민을 보호하자.

그림 6.4 토론토 시 의회, "토론토의 미등록 이주자"에 대한 토의, 2013

출처: 저자 직접 촬영

활동가들의 지속적인 참여로 현재까지 이주자 보호도시 운동은 캐나다에서 가장 큰 성과를 거두었다. 2013년 2월 21일, 토론토는 캐나다 최초의 이주자 보호도시가 되었다. 그림 6.4는 토론토 시의회 회의에서 "온전한 신분 또는 신분증명서가 없는 이주자도 안심하고 서비스에 접근할 수 있도록 보장하는 책무"를 선언하는 발의안이 채택되던 때를 보여 준다(Toronto City Council, 2013). 활동가들은 토론토에서의 성공에 고무되어 캐나다의 다른 도시들도 비슷한 정책을 채택하도록 압력을 가해 왔고, 가령 그 결과 2014년 초 해밀턴은 이주자 보호도시가 되었다.

흥미롭게도 이주자 보호 도시 운동은 국경의 제약을 받지 않았다. 물론 국가 스케일은 도시의 법적 및 행정적 책임과 도시의 자체법 및 정책의 수행력을 규정한다. 또한 국가 스케일은 누가 합법적으로 국가에 들어와 도시에 정착할 수 있는지, 그렇게 할 경우 누가 불법이 되는지를 통제한다. 게다가 국가의 역사, 이민 정책, 이민을 둘러싼 국가의 공공 토론은 지역 사회가 이주에 대응하는 방식을 구성해 낸다. 그럼에도 불구하고, 활동가와 정치 네트워크는 국경을 넘어 시카고와 토론토와 같은 도시들을 연결시키고 있다. 실제로 토론토의 활동가들은 미국 도시의 활동가들과 긴밀한 연락을 취하며, 어떻게 캠페인을 성공적으로 행할지, 어떠한 구체적 정책들을 시 의회에 제안할지, 그 정책들이 실제로 이행되도록 어떻게 확실히 할 수 있을지를 두고 영감과 지지 그리고 실질적인 조언을 주고 받아왔다. 이러한 방식을 통해 도시 관행은 누가 도시 공동체의 일원이고 아닌지를 규정하는 국가의 권위에 도전한다. 그뿐만 아니라, 도시 공동체도 국가 스케일, 그리고 국가가 이들에게 부과하는 정책이나 정체성으로부터 점차 독립적으로 스스로를 구성해 나가고 있다.

# 결론

봉건제도의 권위에 도전했던 중세 유럽 도시들처럼, 오늘날 도시들은 이주자를 포용하는 문제를 두고 다시 자치권을 주장하고 있다. 사회학자 사스키아 사센(Saskia Sassen, 2013, 69)은 국가의 법에 도전하는 도시 정책과 관행이 "도시법으로의 회귀를 상상할 수 있게 한다"고 본다. 가령, 미국 국토안보부는 국가의 이주단속에 시 경찰력을 동원하려 한 적 있는데, 이에 대해 이주자 보호도시 법률이 반대를 표한 사례는 도시법으로의 회귀를 의미하는 전조 현상일 수 있다. 하지만 모든 도시가 동일한 방식으로 이주에 대응하고 있는 것은 아니다. 중세 시대에도 "모든 도시의 공기가 같지는 않았다"(Schwarz, 2008, 11, 저자 번역). 농노가 장기 거주자가 되면서 많은 도시들이 이들을 봉건제도의 굴레에서 해방시켜주었던 반면, 일부 도시는 여전히 농노의 거주권과 시민권에 대한 접근을 거부하며 이 관행을 따르지 않았다. 마찬가지로, 오늘날 불법 이주에 대한 로컬의 대응은 국가의 법체계뿐 아니라 도시 규모, 이민자의 비율, 지역 노동 시장의 상황, 지역 정책과 같은 요인에 따라 각기 다르게 나타난다(Walker and Leitner, 2011).

이주자 보호도시 정책은 광범위한 선택지 중 하나의 대응에 불과하다. 한편에서는 도시들이 국가의 구속적인 이주법과 담론을 강화하는 쪽으로 정책을 제정하고 있는데, 그중 일부 도시 정책은 국가 정책보다도 훨씬 더 규제가 심하다(Gilbert, 2009). 따라서 도시가 새롭게 얻게 된 자치권은 이주자를 포용하든 배제하든 어떤 방향으로나 나아갈 수 있다.

또한 이주를 둘러싼 이러한 도시 관행으로 인해 도시 스케일이 국가 스케일의 거버넌스를 넘어설 것이라 가정해서는 안 된다. 사실상, 도시는 국가의 이주 정책을 일상적으로 시행하고 있다. 비록 토론토가 DADT와 이주자 보호정책을 수립함으로써 수사적으로는 모든 거주민을 포용할 수 있다고 하지만, 여전히 연방정부의 "프로그램과 자금 지원 가이드라인은 비시민에 대한 감시 및 치안 행위와 국가적 … 시민권을 로컬 수준에서 재현해내고 있다"(Bhuyan and Smith-Carrier, 2012, 205). 규정상 여전히 국가법은 로컬법 위에 있는 것이다.

2006년 시카고와 미국 주요 도시에서 벌어진 시위는 이주자 범죄화에 반대하는 도시 시위가 도리어 이주자가 가장 처음 불법화되는 스케일이 국가임을 증명하는 역설적인 효과를 낳았다. 이주자 추방에 반대하는 로컬 캠페인을 비롯한 친 이민 캠페인에서도 국가 소속의 관념을 재확인할 수 있다(Anderson et al., 2011, 559). 한편, 2006년 미국의 도시 시위와 일부 지역에서의 추방 반대 캠페인과는 대조적으로, 이주자 보호도시 운동은 전략적으로 스케일을 전환하기도 하였다. 국가 스케일의 정책과 법률이 이주자 보호정책과 법률을 위반해가면서 이주자를 불법화하는 한편, 도시 스케일에서는 국적보다 도시 공동체에서의 존재를 기반으로 이주자들을 포용해내고 있다. 현실적인 차원에서, 이주자 보호관행과 정책은 "사실상 철저한 합법화 프로그램"을 만들어 냈다(Walia, 2013, 116). 하지만 분명한 것은 이주자 보호관행을 통한 이주자에 대한 포용이 기존의 정치 지형에 근본적으로 도전하지는 않는다는 점이다. 사실, 이주자 보호도시 캠페인은 정치적 실현 가능성을 위해 "국가 담론과 관행을 재현"하는 경향이 있다(Czajka, 2013, 54). 따라서 이주자 보호도시 정책이 국가의 이민법과 관행을 약화시킬 수는 있지만, 이러한 법과 정책을 가능하게 하는 구조까지 변화시키지는 못한다. 게다가 도시의 이주자 보호캠페인과 그에 따른 법률은 종종 보호할 가치가 있는 다문화적 자산으로서의 이주자, 즉, 근면 성실하고 세금을 잘 내는 이주자의 이미지를 전략적으로 내세운다. 그 결과, 이것은 때때로 무의식적이나 대개 전략적으로, 착취 가능한 이주 노동에 의존하는 신자유주의 경제의 논리를 재생산해낸다.

이와 같은 모순은 우리가 계속해서 다른 가능성을 모색하도록 자극한다. 현대의 이주자 보호정책과 이 외 도시 관행들은 임시방편으로 불법 이주자들을 구제할 수는 있지만, 결국 이는 "국가가 정의한 시민권의 기반에 생긴 작은 균열"에 불과하다(Bhuyan and Smith-Carrier, 2012, 217). 근본적인 구조적 변화는 보다 급진적인 프로젝트이다. 나는 다음 장에 이어 이 주제를 다루고자 한다.

### 참고문헌


Agnew, John. 1994. "The Territorial Trap: The Geopolitical Assumptions of International Relations Theory." *Review of International Political Economy* 1(1): 53-80.

Allon, Fiona. 2013. "Litter and Monuments: Rights to the City in Berlin and Sidney." *Space and Culture* 16(3): 252-260.

Anderson, Bridget, Matthew J. Gibney, and Emanuela Paoletti. 2011. "Citizenship, Deportation and the Boundaries of Belonging." *Citizenship Studies* 15(5): 547-563.

Barber, Benjamin R. 2013. *If Mayors Ruled the World: Dysfunctional Nations, Rising Cities*. New Haven, CT: Yale University Press.

Bauböck, Rainer. 2003. "Reinventing Urban Citizenship." *Citizenship Studies* 7(2): 139-160.

Berinstein, Carolina, Jean McDonald, Peter Nyers, Cynthia Wright, and

Sima Sahar Zerehi. 2006. *"Access Not Fear": Non-Status Immigrants and City Services*. Toronto. Accessed April 30, 2013. https://we.riseup.net/assets/17034/Access%20Not% 20Fear% 20Report %20(Feb%202006).pdf.

Bhuyan, Rupaleem and Tracy Smith-Carrier. 2012. "Constructions of Migrant Right in Canada: Is Subnational Citizenship Possible?" *Citizenship Studies* 16(2): 203-221.

Czajka, Agnes. 2013. "The Potential of Sanctuary: Acts of Sanctuary through the Lens of Camp." In *Sanctuary Practices in International Perspectives: Migration, Citizenship and Social Movements*, edited by Randy K. Lippert and Sean Rehaag, 43-56. Abingdon: Routledge.

Dauvergne, Catherine. 2008. *Making People Illegal: What Globalization Means for Migration and Law*. New York: Cambridge University Press.

Fishman, Robert. 1982. *Urban Utopias in the Twentieth Century: Ebenezer Howard, Frank Lloyd Wright, and Le Corbusier*. Cambridge, MA: MIT Press.

Gilbert, Liette. 2009. "Immigration as Local Politics: Re-Bordering Immigration and Multiculturalism through Deterrence and Incapacitation." *International Journal of Urban and Regional Research* 33(1): 26-42.

Harvey, David. 2000. *Spaces of Hope*. Berkeley, CA: University of California Press.

Harvey, David. 2012. *Rebel Cities: From the Right to the City to the Urban Revolution*. London: Verso.

Houston, Serin D. and Olivia Lawrence-Weilmann. 2016. "The Model Migrant and Multiculturalism: Analyzing Neoliberal logics in US Sanctuary Legislation." In *Migration Policy and Practice: Interventions and Solutions*, edited by Harald Bauder and Christian Matheis, 101-126. New York: Palgrave Macmillan.

IOM. 2015. *World Migration Report 2015: Migrants and Cities: New Partnerships to Manage Mobility*. Geneva: IOM.

Krasner, Stephen D. 2000. "Compromising Westphalia." In *The Global*

*Transformations Reader: An Introduction to the Globalization Debate*, edited by David Held and Anthony McGrew, 124-135. Cambridge: Polity Press.

Lefebvre, Henri. 1996. *Writing on Cities*, translated by Eleonore Kofman and Elizabeth Lebas. Oxford: Blackwell.

Lippert, Randy K. and Sean Rehaag, eds. 2013. *Sanctuary Practices in International Perspectives: Migration, Citizenship and Social Movements.* Abingdon: Routledge.

Loyd, Jenna M. and Andrew Burridge. 2007. "La Gran Marcha: Anti-Racism and Immigrant Rights in Southern California." *ACME* 6(1): 1-35.

McDonald, Jean. 2012. "Building a Sanctuary City: Municipal Migrant Rights in the City of Toronto." In *Citizenship, Migrant Activism and the Politics of Movement*, edited by Peter Nyers and Kim Rygiel, 129-145. London: Routledge.

Pantoja, Adrian D., Cecilia Menjívar, and Lisa Magaña. 2008. "The Spring Marches of 2006: Latinos, Immigration, and Political Mobilization in the 21st Century." *American Behavioral Scientist* 52(4): 499-506.

Purcell, Mark. 2002. "Excavating Lefebvre: The Right to the City and Its Urban Politics of the Inhabitant." *GeoJournal* 58(2-3): 99-108.

Purcell, Mark. 2013. "Possible Worlds: Henri Lefebvre and the Right to the City." *Journal of Urban Affairs* 36(1): 141-154.

Ridgley, Jennifer. 2008. "Cities of Refuge: Immigration Enforcement, Police, and the Insurgent Genealogies of Citizenship in US Sanctuary Cities." *Urban Geography* 29(1): 53-77.

Salter, Mark. 2011. "Places Everyone! Studying the Performativity of the Border." *Political Geography* 30(2): 61-69.

Sassen, Saskia. 2008. *Territory, Authority, Rights: From Medieval to Global Assem blages*, updated edition. Princeton, NJ: Princeton University Press.

Sassen, Saskia. 2011. *Cities in a World Economy*, 4th edition. Thousand Oaks, CA: Pine Forge.

Sassen, Saskia. 2013. "When the Center No Longer Holds: Cities as Frontier

Zones." *Cities* 34(October): 67-70.

Schwarz, Jörg. 2008. *Stadtluft macht frei: Leben in der mittelalterlichen Stadt.* Darmstadt: Primus Verlag.

Solidarity City Network. 2013. *Towards a Sanctuary City: Assessment and Recom mendations on Municipal Service Provision to Undocumented Residents in Toronto.* Toronto. Accessed December 20, 2013. http://solidaritycity.net/learn/report-towards-a-sanctuary-city/.

Squire, Vicki. 2011. "From Community Cohesion to Mobile Solidarities: The City of Sanctuary Network and the Strangers into Citizens Campaign." *Political Studies* 29(2): 290-307.

Toronto City Council. 2013. "Motion CD18.5: Undocumented Workers in Toronto." Accessed February 5, 2016. http://app.toronto.ca/tmmis/view AgendaItemHistory.do?item=2013.CD18.5.

Varsanyi, Monica W 2007. "Documenting Undocumented Migrants: The Matrículas Consulares as Neoliberal Local Membership." *Geopolitics* 12(2): 299-319.

Walia, Harsha. 2013. *Undoing Border Imperialism.* Oakland, CA: A. K. Press.

Walker, Kyle E. and Helga Leitner. 2011. "The Variegated Landscape of Local Immigration Policies in the United States." *Urban Geography* 32(2): 156-178.

Wimmer, Andreas and Nina Glick Schiller. 2002. "Methodological Nationalism and Beyond: Nation-State Building, Migration and the Social Sciences." *Global Networks* 2(4): 301-334.

7장

# 미래에 대한 권리

우리는 우리 모두가 자유롭기 전까지 그 누구도 자유롭지 않다고 굳게 믿는다.

(No One Is Illegal, 2013)

이주자 보호도시(sanctuary city) 정책은 단지 불법 이주자에게 피난처를 제공하는 것에서 그치는 것이 아니라 그 이상을 해 낸다. 일례로 이주자는 커뮤니티의 구성원으로서 활발한 활동을 할 수 있게 된다. 이 도시에서 그들은 구금 혹은 추방의 위험에서 벗어나 학교에서 자기 아이들을 데리고 올 수 있고, 지방 자치 프로그램에 참여할 수 있으며, 경찰에 범죄를 신고할 수 있다. 그들은 더 이상 숨어 있지 않아도 되기 때문에 공적 생활에 참여할 기회를 얻게 된다. 이러한 방식으로 이주자 보호도시는 불법 이주자들이 "그들의 일상, 실천 그리고 리듬에 따라 도시의 일상적인 법률 제정 과정(enactment)"에 참여할 수 있도록 허용한다

(Darling and Squire, 2013, 210). 물론 토론토나 북미 전역의 다른 보호도시에 있는 커뮤니티 기획자들은 자신들의 캠페인이 연방 이주 정책에 끼칠 수 있는 영향에 한계가 있음을 인지하고 있다. 그러나 이들 캠페인은 "사람들이 로컬에서 상호작용하는 방식을 바꾸며, 커뮤니티와 소속감에 대한 생각의 전환을 촉진한다는 점"에서 의의가 있다(McDonald, 2012, 143). 커뮤니티와 소속감을 둘러싼 상호작용과 생각의 전환은 근본적인 사회적 및 정치적 변화를 위한 중요한 요소이다. 이러한 것들은 철학자 앙리 르페브르(Henri Lefebvre)가 "도시에 대한 권리(right to the city)" 개념에서 염두에 둔 것이다. 이 개념은 도시에 거주하는 모두를 포용하는 것뿐만 아니라, 일상의 실천을 통해 근본적으로 사회를 변화시키는 방식에 대해서도 이야기한다. 이 장의 제목은 이 개념을 참조하고 있으나, 여기에서는 도시 공간 그 자체보다는 미래와 가능성에 방점을 두고 있다.

앞 장에서 살펴본 이주자 보호도시 개념은 도시 거버넌스의 기본 구조가 지속될 것이라 상정한다. 이주자 보호도시에서 지방 행정과 시의회는 그들의 관할 구역에 적용되는 정책을 개발하고 법을 통과시키는 기능을 하게 된다. 보호정책이 부재한 도시에 살고 있는 많은 이주자에게는 보호도시가 아직까지도 유일한 우연적 가능성(contingent possibility)이 되지만, 그 외의 도시에는 이미 보호정책이 성공적으로 정착했다. 이 장에서 나는 오늘날 당연시되는 사회적 및 정치적 구조의 근본적인 변화를 가정하는 파시빌리아(possibilia)에 대해 탐구하고자 한다. 도시지리학자 데이비드 하비(David Harvey)는 우연적 가능성과 파시빌리아라는 용어를 사용하지는 않지만, 두 가지 가능성의 층위 간 차이를 인식하고 있다. 그에 따르면, 도시의 반란은 다음과 같아야 한다.

> 도시의 반란은 모든 것이 국가 수준에서 이루어지는 의회 및 헌법 개혁주의(parliamentary and constitutional reformism)로 되돌아가지 않도록, 훨씬 더 높은 차원의 보편성을 담지한 채 통합되어야 한다. 왜냐하면 전자의 경우 지속되는 제국의 지배의 틈새에서 신자유주의를 재구성하는 것 이상을 해내기 어렵기 때문이다. 그러나 후자의 경우 법, 정책, 행정과 같은 국가의 제도적 장치들 및 국가 자체에 대한 질문뿐만 아니라, 모든 국가에 내재되어 있는 국가 시스템과 관련된 보다 포괄적인 질문을 던지게 한다.
>
> (Harvey, 2012, 151)

우리는 모든 선택지를 열어둔 채 국가와 국가 기관을 의문시하고, 우리가 세상을 이해하는 관념들과 모든 사회적 및 정치적 구조들에 질문을 던져야 한다.

구체적인 용어들로 파시빌리아를 상상하는 것이 불가능하다는 이유로 그것을 향한 여정을 시작조차 하지 못한 채 좌절해선 안 된다. 시카고, 토론토, 그리고 여타 도시의 활동가들이 당장 시급한 정책 변화를 요구하면서도, "이주자"와 같이 배타적인 범주 너머의 세상을 열망하는 것 역시 이러한 취지에 기인한다. 그들의 실천은 이러한 범주를 부정하지만, 범주가 사라진 미래를 구체적으로 그리는 것은 삼간다. 대신에 그들은 파시빌리아로 나아가기 위한 중요한 단계로서 동맹을 맺고, 연대를 구축하는 실천을 행한다.

## 정체성 형성에서…

학자나 정치 활동가들은 정체성 형성 과정이 사회적 변화의 중심에 놓여있다는 점을 예리하게 인식하고 있다. 칼 마르크스(Karl Marx)와 프리드리히 엥겔스(Friedrich Engels)는 [사회적 현실로서 혹은 **즉자적(in itself)**으로 존재했던] 도시 노동자 계급이 그들의 정체성이 정치적 힘을 구성[그리고 그 힘은 **대자적(for itself)**으로 존재]한다는 사실을 깨달을 때, 혁명이 뒤따랐다고 주장한다.* 그들은 집단 정체성의 형성이 노동자 계급의 "족쇄를 느슨하게"하며, 인류가 계급을 기반으로 하는 사회를 극복하도록 하는 데 중요한 열쇠로 기능하는 것을 목도했다.

마르크스와 엥겔스 시대 이래로 사회 구조는 계속해서 변화했다. 그들은 19세기에 대립하는 두 부류의 도시 계급인 부르주아와 프롤레타리아를 발견했지만, 이 계급들은 더 이상 그때와 같은 방식으로 존재하지 않는다. 1930년대 들어 철학자 테오도르 아도르노(Theodore W. Adorno)는 "프롤레타리아 계급이 잃을 수 있는 것은 계급의 족쇄뿐만이 아니라 더 많은 것들이 있다(Hawel, 2006, 112, 저자 번역)"라고 말했다. 오늘날 글로벌 북부 인구의 대다수는 "중산층"으로 여겨진다. 여기에 속한 사람들은 사회·경제적 권리를 가지며, 공공 의료 서비스, 상대적으로 높은 수준의 생활과 늘어난 기대 수명, 최신 엔터테인먼트 기술에 접근할 수

* 역주: '즉자적'과 '대자적'은 철학자 헤겔이 고안한 용어이다. 즉자적 존재란 다른 것과 관계없이 '그 자체로 있는' 것으로 아직은 발현되지 않은 '잠재태'로서 고립되어 있는 존재이다. 반면 대자적 존재란 자신을 성찰하여 주체로서 자신의 역량을 발휘하는 존재이다. 마르크스와 엥겔스는 이 개념을 정치 세력으로서 노동자의 자각의 성장 단계를 설명하는 데 사용한다. 이들은 뿔뿔이 흩어져 있던 대중으로서 노동자(즉자적 계급)가 계급적 자각을 통해 대자적 계급으로서 자기를 형성할 때 자본 및 자본가 계급에 대항하는 혁명이 가능해진다고 주장한다(Anderson, 1974).

있으며, 이들과 자녀들은 교육 제도의 수혜를 받을 수 있다. 비록 이러한 "중산층"의 노동권과 복지 혜택은 지난 수십 년간 점차 줄어들고 있지만 사회는 산업 혁명 시대의 계급 구조로는 되돌아가지 않고 있다.

오늘날 사회 정치적 변화의 행위자는 다른 방식으로 이론화되어야 한다. 하비는 계급 개념이 보완될 수 없는 개념은 아니라고 제안한다. 계급 개념 자체에 의문을 제기하기보다는 계급 개념을 이전의 프롤레타리아보다 훨씬 더 포괄적인 것으로 이해하길 제안한다. 그에 따르면,

> 우리가 후퇴할 수 있는 프롤레타리아 계급의 장이나 유토피아적인 마르크주의 환상은 존재하지 않는다. 계급투쟁이 불가피하며 필수적이라고 지적하는 것은 계급이 구성되는 방식은 결정되어 있거나, 사전에 결정될 수 있다는 것을 의미하지 않는다.
>
> (Harvey, 2005, 202)

이와 같은 발언을 하고 몇 년 후 하비는 이러한 계급 개념이 누구를 포함하는가에 대해 정교화 작업을 진행했다.

> 이제 우리에겐 선택지가 있다. 하나는 과거의 그 프롤레타리아가 사라졌다는 이유로 혁명의 가능성을 떠나보내면서 슬퍼하는 것이고, 다른 하나는 수많은 조직화되어 있지 않은 도시 생산자(혹은 이주자 권리 행진을 동원했던 여러 사람들)를 포함하도록 프롤레타리아에 대한 우리의 이해를 바꾸고, 그들이 가진 독특한 혁명의 역할과 힘을 탐색하는 것이다.
>
> (Harvey, 2012, 130, 원문에서의 괄호)

하비에 따르면, 오늘날 사회 정치적 변화의 행위자들은 인종, 젠더, 섹슈얼리티, 그리고 "계급 정체성과 긴밀하게 얽혀있는 여타 특성들(Harvey, 2005, 202)"의 다양한 면을 연결한다. 르페브르는 "노동 계급이 압박하여" 사회적 변화가 일어날지도 모른다는 점에는 동의하지만 노동계급 단독으로는 "불충분하다"고 말한다(Lefebvre, 1996, 157).

현대 사회 구조를 포착하는데 또 하나의 유용한 방법은 "프레카리아트(precariat)"개념을 통해서이다(Standing, 2011; Harvey, 2012). 이 개념에는, 직업이 두 개이나 최저 임금을 받아 겨우 먹고 살 만큼만 버는 저소득 서비스직 노동자, 아이에게 적절한 의료 서비스나 교육을 제공하지 못하는 비정규직 한부모, 적절한 연금을 대비하지 못한 채 실직한 중장년층의 공장 노동자, 그리고 기본적인 경제 및 사회적 권리를 박탈당한 불법 이주자가 포함된다. 다시 말해 프레카리아트는 그들의 노동이 생산한 가치의 공정한 몫을 받지 못하는 노동자와, 기회가 결여된 노동자, 권리와 재정 지원 혜택을 거부당한 사람들을 모두 포괄한다. 그 결과 사회 변화를 촉구하는 목소리는 사회 정의와 시민권 개념을 통해 논리를 전개해 나간다. 하비의 말을 빌리자면(2012, 153), "시민과 동지(comrade)는 함께 행진할 수 있다".

불법 이주자들이 처한 상황은 사회 정의와 시민권 문제가 어떻게 엮여있는지 보여 준다. 공식적인 시민권이 거부된 불법 이주자는 매우 심하게 착취당하는 노동자로 전락할 수 있다. 사실 불법 이주자는 소수의 다른 집단과 마찬가지로 현대 프레카리아트의 전형이다. 그들은 공적 시민권을 인정받지 못한다. 그리고 노동 착취를 당한다. 불법 이주자는 19세기 프롤레타리아와의 접점이 있기에 철학자 에티엔 발리바르(Étienne Balibar, 2000, 42)는 불법 이주자를 "근대의 프롤레타리아"라고 일컬었다. 그러나 19세기 프롤레타리아와 다르게, 불법 이주자는 뚜렷하게 구별되는 계급이 아니라 여러 형태의 배제, 부정의, 억압을 겪고 있는 사람들로 구성된 커다란 사회 구성체의 일부분일 뿐이다. 이 구성체는 정치적 변화를 일으킬 강력한 세력이 될 수 있지만 동질적인 정체성이 결여되어 있다. 이전의 프롤레타리아가 산업 생산 과정에서의 역할과 생산 수단을 소유하지 못한 것으로 정의된 것과 다르게, 이러한 사회 구성체는 내재적으로 이질적이며, 불안정하지만 다양한 사회적 상황 및 법적 상태에 처한 사람들 사이의 상호의존성 및 연결에 의해 정의된다. 결코 현재 사유의 방식들로 이해될 수 있는 단일한 정체성을 지니지 않는다. 거대한 사회 조직체의 일부로서 불법 이주자는 마치 "무언가 더, 또 다른, 별개의 것이 창발하는(emerging as something more, something else, something other)"것처럼 보인다(Nyers, 2010, 141). 이렇게 창발하는 사회 조직체가 변화를 가능케 할 능력을 펼치기 위해서는 연대가 필요하다.

## …연대로

불법 이주자와 여타 배제된 집단은 사회 및 정치적 사안에 전적으로 참여할 수 없지만 여전히 사회의 구성원이다. 노예와 그들의 주인은 공통의 언어로 소통하는 데 능숙한데, 만약 그렇지 않다면 주인은 노예가 알아들을 수 있는 명령을 할 수 없을 것이기 때문이다. 그러나 노예가 비로소 자신들의 요구를 표출하기 시작할 때, 그들은 정치적 행위자가 된다(Rancière, 1999, 2004). 2006년 시카고와 미국의 다른 도시들에서 비슷한 상황이 발생했는데, 불법 이주자들은 거리를 점거하고 그들 역시 미국인이라고 선언했다.* 그러나 정치가 효과적이려면 상당한 수의 목소리와 몸이 필요하다. 2006년 시위가 보여 준 것처럼 연대의 행동은 목소리를 크게 하고 몸들을 증식시킬 수 있다.

서로 다른 사람들 간의 연대는 결코 모순어법이 아니며 오히려 그 반대이다. 헤겔리안 관점에서 정체성은 늘 타인이라는 참조 대상을 필요로 한다. "주체는 오직 타자를 통해서만 존재할 수 있기 때문에 주체는 언제나 타자에게 빚을 지고 있다"(Kelz, 2015). 이러한 빚을 죄책감, 감정 이입, 혹은 자기중심적인 효용으로 이해해서는 안 된다. 주체 형성의 변증법에서 필수적인 요소로 이해해야 한다. 이는 시민이나 불법 이주자와 같이 각기 다른 사회 및 정치적 상황에 놓여 있는 사람들을 이어준다. 사실 이렇게 차이들을 잇는 동맹이야말로 사회 및 정치적 변화를 일으킬 강력한 힘이 될 수 있다. 정치학자 헤더 존슨(Heather Johnson)은 서로 다른 집단들이 어떻게 그들의 정치적 배제를 두고 경합하는지에 관한 연구를 진행했다. 그녀는 탄자니아의 난민들, 보호자가 없는 스페인의 청년들, 그리고 수용소에 있는 호주의 망명 신청자들 모두가 그들에게 기대되는 태도나 행동으로부터 어떻게 일탈했는지에 관해 연구했

---

* 역주: 2006년 3월 10일 시카고에서 시작된 이주자 권리 시위는 "The Border Protection, Anti-terrorism, and Illegal Immigration Control Act of 2005(HR4437)" 법안을 저지하기 위해서 촉발되었다. 이 법안에는 미국과 멕시코 국경의 장벽을 강화하는 것, 미국에 체류하는 불법 이주자를 돕는 행위를 범죄로 규정하고 처벌하는 것 등이 담겨있다. 시카고에서 시작된 시위는 미국 전역으로 퍼졌고, 5월 1일에는 학교와 사업체를 중심으로 이주자들의 하루 보이콧이 시행되었다. '이주자 없는 날(Day Without an Immigrant)' 혹은 '위대한 미국 보이콧(Great American Boycott)'이라 불리는 이 날은, 국제적으로 노동절(May Day)이기도 하여 자연스럽게 전 세계 노동자들과의 연대가 이루어졌다. 시카고의 경우 경찰 추산 40만 명, 시위대 추산 70만 명의 폴란드, 아일랜드, 아시아와 아프리카 출신과 라틴아메리카 출신 사람들이 함께 행진했다("Immigrants Take to U.S. Streets in Show of Strength," The New York Time, 2006.05.02).

다. 일탈을 통해 그들은 정치적 행위자가 되었다. 그렇지만 변화의 가능성은 오직 "비시민과 시민 간의 연대 관계가 구축"될 때 비로소 가능해진다(Johnson, 2012, 117). 당연하게도 공식적인 시민과 비시민 간의 연대 관계는 대칭적이지 않지만(Kelz, 2015), 중요한 것은 시민이 비시민을 대신하여 목소리를 낸다는 것이 아니라, 그들이 이제는 비시민의 목소리를 경청하는 정치적 장을 공유한다는 것이다.

2006년 시카고와 미국의 여타 도시들에서 일어난 시위에는 시민과 비시민 간의 유사 동맹단체들이 참여했다. 예를 들어 비이주자, 귀화한 미국인, 전통 멕시코계 미국인, 불법 이주자가 시위에 섞여 있었다. 함께하는 시위는 불법 이주자에게 공유된 정치적 장을 내어주고 "시민권에 대한 모방적 주장(mimetic claim)"을 할 수 있도록 했다(Butler, 2012, 122). 이주자 보호도시 운동 역시 공식적인 시민의 연대와 지방 의회에서 그들의 대표성을 동원하고 있다. 공식적인 시민과 불법 이주자 간 연대의 끈으로 마련된 공유된 정치적 장은 불법 이주자들이 "그들의 권리를 위해 스스로가 정치적 주체로 행위"할 수 있도록 한다(Squire and Bagelman, 2012, 147).

이전 장에서 나는 2006년 시위와 이주자 보호도시 운동이 현재 존재하는 국가 및 도시적 차원의 정치에 공식적으로 소속되는 우연적 가능성을 어떻게 붙잡고 있는지 살펴보았다. 그러나 공적 시민권이라는 범주는 "꼭 그러한 방식으로 규정된 행동을 하지 않는 사람들"의 정체성을 포착하는 데에는 적절하지 않을 수도 있다(Nyers and Rygiel, 2012, 10). 비록 공적 시민권이 포용적일 가능성이 있다고 할지라도 이 역시 그에 속한 사람과 그렇지 않은 사람을 가르고 배제한다. 일례로 이주자 보호도시는 계속해서 "주객(主客)"을 구분 짓는다(Darling and Squire,

2013, 193-194). 주객의 범주를 뛰어넘을 때, 이주자와 비이주자, 시민과 비시민, 토착민과 정착민은 파시빌리아의 영역에 놓이게 된다.

## 단체에서 실천하기

나는 4장에서 파시빌리아와 무국경 개념을 연관 지었다. 활동가이자 학자인 난디타 샤르마(Nandita Sharma, 2013)는 최근에 무국경은 "정치적 제안이 아니라 혁명적인 외침이다"라고 말했다. 국경이 철폐된 세계에서는 사람들이 함께 살아가며 자치(自治)하는 방식이 근본적으로 재구성되기 때문이다. 그러한 세계를 나타내는 조건과 실천, 그리고 사유 방식은 아직 도래하지 않았다.

무국경 네트워크는 실천이 파시빌리아를 일으키는 방식을 보여 준다. 이 네트워크는 독일, 이탈리아, 영국과 여러 다른 유럽 국가의 활동가 및 단체들의 연합으로 구성되어 있다. 2000년대 초반 이 네트워크는 유럽 전역, 스트라스부르(Strasbourg, 프랑스), 로텐부르크(Rothenburg, 독일), 비아위스토크 인근(Białystok, 폴란드), 타리파(Tarifa, 스페인), 프라사니토(Frassanito, 이탈리아)에 걸쳐 무국경 캠프를 조직했다. 이 캠프의 취지는 "난민, 이주자, 프랑스의 '불법체류자(San Papiers)'와 같은 미등록 이주자가 유럽 전역의 협력 및 캠페인 단체 구성원과 새로운 동맹을 구축하고 연대를 강화할 수 있도록 하는 것"이다(Alldred, 2003, 153). 스트라스부르의 무국경 캠프는 상징적인 입지를 점하는데 프랑스와 독일 국경에 가까울 뿐 아니라, 유럽의 통합을 대표하고, 국가적 적대를 극복하며, 국경을 무너뜨린 도시에 위치하기 때문이다. 이 캠프에는 대략 2,000~3,000명의 참가자들이 모였으며, 공동 주방을 중심으로 한 여러 "구역"으로 이루어졌다. 정치학자 윌리엄 월터스(William Walters, 2006, 30)는 이러한 캠프가 시민과 이방인, 국민과 외국인, 또는 이주자와 비이주자 사이의 이분법을 해체하는 "연대와 자아정체성을 구축하는 환경"을 조성한다고 주장했다. 무국경 캠프는

> 단순히 이동의 자유만을 요구하는 것이 아니라, 이동의 자유를 높이기 위한 여러 소소한 방법들을 요구한다. 근대 국가는 줄을 긋고 공간을 독점하는 방식으로 영토를 정의하지만, 야생의 지역에서 캠핑을 하듯이 국경 캠핑은 땅과의 새로운 관계를 시사한다.
>
> (Walters, 2006, 32-33)

무국경 캠프의 환경은 비록 일시적이며 지리적으로 제한되지만, 우리에게 일말의 파시빌리아를 담지하는 정치적 실천을 똑똑히 보여 준다. 이러한 방식으로 무국경 캠프는 유토피아의 순간을 마법처럼 그려낸다.

한편, 무국경 네트워크는 멕시코와 미국 국경 사이의 티후아나(Tijuana)라는 도시에서 열린 소위 보더핵(Borderhack)*이라 불리는 기획에 영감을 주었다. 2001년 보더핵에서 내건 주제는 "국경을 없애자"이다. 이들은 "심리적 봉쇄"가 양국에 살고 있는 사람들에게 국경을 당연시 여기도록 하기 때문에 이러한 심리를 "없애는 것"에 집중했다. 발기인인 프란 일리히(Fran Ilich)는 다음과 같이 말했다.

---

* 역주: 발기인인 프란 일리히는 해킹의 목적이 시스템을 파괴하는 것이 아니라 그것을 이해하기 위해서 침투하고 탐색하는 것이듯, 보더핵 운동의 목적은 국경을 파괴하는 것이 아니라 국경이 무엇을 재현하며, 어떻게 작동하는지, 그 안에서 우리의 역할이 무엇인지 깨닫게 하는 것이라 설명한다("Delete the border!", Electronic Book Review, 2003.07.31.)

> 나는 국경을 자연스러운 것이라 여기며 자랐다. … 한 번도 의문을 제기한 적이 없는 것이었다. 그러나 나는 나이가 들면서 알아채기 시작했다. 미국 출신의 사람은 파티에서 결코 멕시코 사람을 알아갈 필요가 없다는 것을. 그들은 우리를 그저 노동자로 대했으며 동등하게 보지 않았다.
>
> (Scheeres, 2001)

국경 "없애기"는 이러한 구분들을 지우고, 연대와 새로운 정체성 탄생의 가능성을 열어준다.

No One Is Illegal(NOII: 그 누구도 불법이 아니다) 활동가의 실천은 파시빌리아로 향하는 길을 보여 주는 또 다른 사례이다. 사실 "그 누구도 불법이 아니다"라는 구호는 1950년대 미국 정부에서 불법 이주자들, 주로 멕시코에서 넘어온 이들을 대상으로 실행한 법률 집행 프로그램인 Operation Wetback에 대응하여 만들어졌다(Anderson et al., 2009). 그렇지만 오늘날 NOII는 전 세계적으로 활동하고 있으며, 특히 독일에서는 1997년, 활동가, 반인종 차별 기관, 협회, 그리고 여러 단체들이 모여 Kein Mensch ist Illegal(No One Is Illegal) 네트워크를 구축했다. NOII는 이주자 불법화에 대응했는데 그들은 공적 시민권이나 법적 지위에 상관없이 모든 거주자를 위한 권리를 요구했다. 당연하게도 NOII 활동가는 국가가 사람들에게 부여한 범주나 정체성을 거부한다. 이들이 한 대부분의 실질적인 활동은 불법 이주자 보호를 이유로 국가 당국이나 대중에는 공개되지 않는다. 물론 그 외의 다른 활동들은 정치적 선략의 차원에서 매우 가시적으로 드러난다.

1999년 이주자인 아미르 아집(Aamir Ageeb)이 루프트한자 항공을 타고 수단으로 추방당하던 중, 세 명의 독일 국경 경비대 소속 요원의 감시하에 사망한 사건이 있었다. 이 비극적인 사건에 대한 대응으로 NOII는 루프트한자처럼 유명 항공사를 통한 불법 이주자의 강제 추방에 반대하는 "국외추방 등급(Deportation Class)" 캠페인을 시작했다. 이 캠페인의 이름은 탑승한 모든 승객이 사업상 미팅이나 휴가를 위해서 퍼스트, 비즈니스, 이코노미 등급의 항공권을 예매하는 것은 아니라는 사실에 주목하도록 했다. 어떤 승객은 그들이 원치 않는 곳으로 향하기 위해서 "국외추방 등급"의 여행을 하도록 강제된다는 것이다. 해당 캠페인의 활동가는 루프트한자 연례 주주총회에서 시위하기도 했으며, 추방자를 태운 비행기가 이륙하지 못하도록 탑승 절차를 방해하기도 했다(Stierl, 2012). 이들은 공식적인 시민과 불법의 지위에 놓인 이주자 간의 연대를 필요로 하였다. 하지만 이러한 상황에서 공식적 시민의 참여가 동등하게 공유된 정치적 장을 여는 것은 아니다. 좀 더 정확히 말하면, 시민의 참여는 필수적이지만 이는 보다 취약한 상황에 놓여 있는 이주자에게는 고통이 따르는 어떠한 결과에 대해, 그들은 고통 없이 자유롭게 말하고 저항할 수 있기 때문이다. NOII 활동가들은 이를 매우 잘 인지하고 있기 때문에 그들의 임무는 "조력자–피해자라는 이분법적 권력을 재생산하지 않고" 공유된 정치적 장을 만드는 것이다(Stierl, 2012, 435).

NOII는 캐나다에서도 활동하고 있다. 캐나다의 NOII 활동가는 지리적, 역사적, 정치적 맥락에서 독일과는 다른 상황에 놓여있다. 내 생각에 그들의 실천은 연대와 정체성 형성이 어떻게 맞물려 있는지를 예증하며, 이에 따라 공유된 정치적 장에 있는 시민과 비시민, 이주자와 비이주자 등 사이의 기울어진 운동장을 평평하게 만드는 작업을 하고 있다고 본다. 물론 NOII의 핵심 활동들은 불법 이주자를 지원하는 것을 중심으로 하고 있지만, 캐나다의 NOII 활동가는 여러 형태의 억압으로 고통을 겪고 있는 다른 단체 및 개인들과의 연대를 분명하게 표출한다. 이러한 연대의 표출은 토론토에서 있었던 연례 노동절 행동(Annual May Day of Action)에서 확인할 수 있다(그림 7.1). 이 행사에서 NOII와 연대 도시(Solidarity City)는 사회 정의 단체, 노동 연합, 공동체 조직, 빈곤퇴치주의자, 자선단체, 토착 단체, 그 외 여러 기관으로 이루어진 연합체의 선봉에 섰다. 그들은 장애인 차별주의, 식민주의, 환경 파괴, 동성애 혐오, 제국주의, 가부장제, 인종 차별주의, 성전환 혐오에 맞서 함께 행진했다(No One Is Illegal, 2012).

특히 이주자 지원 단체와 토착 단체 간의 연합은 활동가들의 주요 실천을 보여 준다. 이 연합은 주류 언론이나 정치에서 마치 이주민이나 토착민이 영토에 소속되는 방식에 관해서 각기 대립된 주장을 하는 것처럼 그려내는 것을 거부한다. 요컨대 한편에는 이민자 사회(settler society)로서 캐나다가 있고, 여기에서 이주는 국가를 상상할 때 가장 중요한 요소이다. 캐나다에 정착한 해외 이주자 없이는 캐나다를 상상할 수 없으며, 오늘날 우리가 알고 있는 캐나다라는 국가가 생겨날 수도 없다. 다른 한편에는 혈통주의 원칙을 기반으로 영토적 소속을 주장하는 토착민이 있다. 이러한 구조에서는 이주민과 토착민이 서로 변증법적 대립에 놓여있다(Bauder, 2011; Sharma and Wright, 2008-2009). NOII와 토착 단체 간의 연합은 이러한 적대적 구조를 거부하고 단결함으로서 활동가들은 이주민과 토착민, 시민과 비시민을 구분하는 범주를 폐기한다. 그 대신 인종화 혹은 강탈에 대한 공유된 경험과, 경계가 만들어 내는 억압, 착취, 그리고 구분 짓기에 맞서는 공통의 노력을 확인한다(2장을 보라). 그 결과로 만들어진 해방적 비전은 "이민자 국가의 논리 자체

그림 7.1 연례 노동절 행동

출처: 저자 직접 촬영

를 의문시하기보다 이민자 국가에서 시민권을 얻기 위한 좁은 길에 덜 의존하는 것이다"(Walia, 2013, xiii). NOII 밴쿠버 지부의 활동가 루비 스미스 디아즈(Ruby Smith Días)는 토착민 자주권이라는 개념과 이주의 자유를 연결 짓는다.

> 나에게 자유로운 이주와 토착민 자주권이라는 개념은 서로 모순되지 않는다. 사람들은 식량이나 안전, 축하와 사랑을 이유로 항상 이동해 왔다. 대부분의 경우에 중요한 것은 그 지역의 땅과 사람에 대한 존중이 지켜졌다는 것이었다. 그리고 우리가 우리의 투쟁을 별개의 것이 아닌 연대 관계로 보았다는 것이었다. 그러니 꿈꿔 보자. 우리의 꿈을 함께 꿔 보자.
>
> (Walia, 2013, 237)

내 생각에 루비 스미스 디아즈의 꿈은 유토피아 지평에 있는 파시빌리아와 매우 강하게 공명하지만 아직 구체적인 언어로 표현되지 못했을 뿐이다.

이주자 투쟁을 지지하는 토착 운동은 이주자 활동가 측의 연대를 환대한다. 2010년 애리조나의 토착 활동가들은 '법 집행 지지와 안전한 이웃 법안(Support Our Law Enforcement and Safe Neighborhoods Act 혹은 SB1070)'이라는 주(州)법을 기반으로 하는 불법 이주자의 범죄화와 억압에 맞서 조직되었다. 토착 활동가는 다음과 같은 압력을 가했다.

> 오오담어족(O'odham), 파스쿠아 야키족(the Pascua Yaqui), 라이판 아파치족(Laipan Apache), 키커푸족(Kickapoo), 그리고 코코파

족(Cocopah)처럼 미국과 멕시코 간 국경 근처에 있는 토착 공동체는 SB1070과 같은 법과 관행으로 인해 수십 년간 위협받고 있다… 많은 사람들은 단지 그들이 사는 곳과 성지가 서로 국경의 반대편에 있다는 이유로 그곳에 방문할 수 없다. 현재의 미국과 멕시코 국경이 세워진 이후로 국경 혹은 그 근처에 있는 45개 오오담어(O'odham) 마을들의 인구는 완전히 줄어들었다.
오늘날 애리조나 토착민들은 서반구의 다른 지역 토착민들과 손을 잡고 전통적으로 토착의 가치인 이동의 자유를 모든 사람에게 되돌려줄 것을 요구한다.

(O'odham Newswire, 2010)

2010년 캐나다에서는 고령의 토착민들이 선박 '엠브이선시(MV Sun Sea)'호를 타고 캐나다 서부 해안에 도착한 492명의 타밀(Tamil) 난민을 환영한 적이 있다. 이 환대는 캐나다 연방 정부의 환영과 대비되었는데 정부는 대부분의 난민을 수감했기 때문이다.*

비슷한 연대 행동은 다른 배경에서도 있었다. 일례로 2013년 몬트리올에서 개최된 "연대 도시 만들기" 컨퍼런스는 "몬트리올의 모든 거주자와 신분이 없는 이주자에게 보건, 교육, 식량, 주택, 보호소 등과 관련하여 적절한 수준의 서비스 혹은 무료 서비스에 대한 접근"을 보장하도록

---

* 역주: 2009년에 종식된 스리랑카 내전(힌두교계 타밀족 반군과 불교계 싱할라족 정부군 간의 갈등)은 싱할라족의 탄압과 차별 정책에 반발하여 소수민족인 타밀족이 무장 조직을 결성하여 분리독립을 요구하며, 정부에 대항하면서 본격화되었다. 내전으로 1백만 명 이상의 난민이 발생하였고, 이들의 행선지는 타밀족이 인구의 7%를 차지하는 말레이시아를 거쳐 주로 제네바 난민 협약에 가입되어 있는 호주 및 캐나다였다. 그러나 이들 국가는 난민을 거부하고 수용소에 격리하는 조치를 취했다("죽어도 떠나는 사람들," 한겨레21, 2010.11.04).

모색했다. 이 컨퍼런스는 다양한 이주자 관련 워크숍, 토론, 패널(예를 들어, "추방, 감금, 그리고 이주자의 이중 억압(Deportation, Prison and the Double Punishment of Migrants)," "이민자 지원: 전략 세션(Immigration Support: A Strategy Session)," "무국경 운동과 북미 전역 연대 도시 만들기(No Borders Movements and Building Solidarity Cities Across North America)"을 운영했고, 이러한 주제들은 "토착민 자주권과 자기결정권(Indigenous Sovereignty and Self-Determination)"과도 연관되었다(Cité sans frontières, 2013a). 이주민과 토착민의 상황은 공통적으로 보다 큰 구조적 억압의 문제로 틀지어졌다.

2013년 12월, 퀘벡의 활동가들은 제안된 퀘벡 가치 헌장(Quebec Charter of Value)을 저지하기 위해 동원되었다. 이 헌장은 퀘벡 지역의 이주자 집단과 비주류 종교 집단의 권리를 침해할 수 있는 것이었다. 활동가들의 입장문은 토착 운동과의 연대를 표하는 것으로 시작되었으며, 모든 형태의 억압이 종식되기를 촉구했다.

> 애초에, 제안된 헌장과 관련 논의들은 퀘벡과 캐나다가 토착민에게서 훔친 땅 위에 세워졌고, 토착민들을 학살하고 이들을 몰아내어 만들어졌다는 사실을 간과하고 있다. 우리는 자기결정권과 문화의 보존을 위한 토착민들의 투쟁을 지지하고 연대를 표한다.
> 우리는 모든 젠더 간의 평등을 외치며, 가부장제, 성차별주의, 동성애혐오, 성전환 혐오, 인종 차별주의 및 모든 형태의 억압에 맞서는 투쟁들에 지지를 표한다.

이 입장문은 다음의 여러 기관들과 함께한다. 젠더 옹호 센터(Center for Gender Advocacy), 이주 노동자 센터(the Immigrant Workers Center), NOII(No One Is Illegal), 그리고 국경을 넘는 연대(Solidarity across Borders)가 속해 있다(Cité sans frontières, 2013b).

이러한 연대 행동이 과연 여러 프레카리아트 사이의 공유된 의식을 깨울 수 있느냐 묻는다면, 내 생각에 그러한 물음에 답하는 것은 시기상조이다. 연대 행동이 우리가 오늘날 이야기하는 불법 이주자, 토착민, 인종화되거나 범죄화된 사람, 장애가 있는 사람, 퇴거당하거나 무언가 박탈당한 사람, 강탈당한 사람 모두를 아우르는 공통의 정체성을 만들 가능성은 충분하다. 그렇지만 이러한 연대 행동은 다양한 사회가 만들어지는 와중에, 우리가 아직은 미처 온전히 이해할 수 없는 새로운 인식을 만들어 낼 수도 있다. 핵심은 잠재적인 결과는 열려있다는 것이다.

## 스칼라* 실천

유토피아에 대한 상상은 늘 특정 지리적 스케일을 동반한다. 토머스 모어(Thomas More)가 그린 유토피아에는 공화국의 영토를 한정하는 섬이 있다. 르코르뷔지에(Le Corbusier), 에벤에셀(Ebenezer), 하워드(Howard), 그리고 프랭크 로이드 라이트(Frank Lloyd Wright)는 도시 스케일에 집중한다. 웰스(H. G. Wells)가 그린 유토피아에는 이동의 자유가 있으며, "하나의 공용어를 사용하는 세계 국가(World State)"가 있

* 역주: 스칼라(scalar)는 벡터(vector)와는 다르게 방향을 갖지 않고 크기만 존재하는 물리량이다. 여기에서 스칼라 실천이란, 파시빌리아가 상상 불가능하다는 점에서 아직 하나의 방향으로 설정되지 않은 여러 실천들을 의미한다.

다(Wells, 1959 [1905], 41). 스케일에 대한 질문은 이주의 자유를 보장하는 포용 사회에 대한 파시빌리아를 불러일으키기 위한 사회 및 정치적 실천의 맥락에서 던져지기도 한다.

도시경제 지리학자 마이클 새머스(Michael Samers, 2003)가 국경 없는 세계를 고안할 때 그는 완벽한 유토피아를 말하길 꺼렸다. 그렇긴 하지만 그는 국가 스케일에서 이루어지는 이주의 통제가 없어지려면 "다른 스케일에서 이를 대신할 수 있는 조치(measures)"(214)가 필요하다고 생각했다. 그가 말하길,

> 나는 유토피아를 그리기보단 글로벌 사회에 대해 목적론적(non-teleological)이지 않은 상상을 요청하고 있다. 만일 상상력이 실천을 이끈다면, 다른 스케일의 코스모폴리탄 정의에 대한 문제를 해결하기 위해 개인과 집단의 노력이 반드시 필요하다. 이는 우리가 직면한 과업이다.
>
> (Samers, 2003, 216)

새머스는 바로 글로벌 스케일에서 그러한 대안적인 조치가 이행될 수 있을 것이라고 주장했다.

브리젯 앤더슨(Bridget Anderson)과 그녀의 동료들 역시 국경 없는 세계를 지배하는 글로벌 커먼즈(commons)의 형태를 글로벌 스케일에서 생각한다(Anderson et al., 2009). 그들은 역사학자 피터 라인보(Perter Linebaugh)의 커뮤닝(communing) 실천 연구(2008)를 인용하며, 이주의 자유와 머물 권리는 "보편(common)"적 권리이며 전 세계적으로 존재한다고 주장한다. 그러나 보편적 권리를 오늘날 인권처럼 추

상적인 권리로 이해해서는 안 된다. 보편적 권리는 구체적인 사회, 정치, 역사, 지리적 상황에서 늘 존재하는 자격이다. 이러한 맥락적인 속성 때문에 아직 도래하지 않은 세계에서는 이 권리가 구체적인 용어로 포착될 수 없다.

그러나 비록 맥락화된 개념이긴 하지만 "커먼즈"와 커먼즈에 대한 권리는 어느 정도 수준에서는 무엇이 가능한지를 미리 가정하고 있다. 예컨대 하비는 커먼즈 개념을 "가치를 생산하는 노동자를 통제함으로써 만들어지는 바로 그 가치를 유지"하는 데 적용한다(Harvey, 2012, 87). 아도르노는 하비, 앤더슨과 그녀의 동료들에게 (커먼즈 개념, 커먼즈에 대한 권리, 노동이 가치를 생산한다는 경제적 이해 등과 같은) 기존의 사유 방식 하에서는 그러한 가능성을 절대 이끌어 낼 수 없다고 말했는데, 이러한 개념과 사유 방식은 똑같은 방식으로 재연(re-enacted)될 것이기 때문이다.

초국가 스케일을 대표하는 유럽은 이주의 자유가 정치적으로 가능하다는 상상을 명백하게 보여 준다. 사회학자 울리히 벡(Ulrich Beck)과 정치학자 에드가 그란데(Edgar Grande, 2007)는 국가적 상상이 코스모폴리탄 유럽의 출현을 저지한다며 한탄한다. 그들은 유럽 내 존재하는 기존의 국경선을 장벽이 아닌 만남의 장소로 그리며, 이러한 상상이 사람들을 경계의 양쪽 모두에 소속될 수 있도록 하며, 서로 연대할 수 있도록 한다고 생각한다. 정치학자 소냐 버켈(Sonja Buckel)과 그녀의 동료들(2012) 역시 유럽을 하나의 해방 프로젝트로 상상한다. 그러나 단순한 스케일의 전환은 또 다른 스케일에서 일어나는 배제의 실천을 재생산하게 될 뿐이다. 유럽연합의 솅겐 조약에 따른 자유로운 이동과 유러피안 시민권의 탄생은 동시에 유럽 외부와의 경계를 공고하게 하는 결과를 낳기도 했다. 이러한 경계는 불공평하게 인종화되고 빈곤에 처한 이주자와, 전쟁과 폭력으로부터 도망친 사람들을 대상으로 그어진다. 오늘날 유럽의 외부를 가르는 국경은 전 세계에서 가장 공고하여 많은 생명을 앗아가고 있다.

변혁적인 사회 및 정치적 실천을 이야기하자면 도시는 다시금 중요한 스케일로 부상한다. 나는 이전 장에서 도시에서의 저항 그리고 보호도시의 맥락을 언급하며 도시 스케일에 대해 논의했다. 사회학자 사스키아 사센은 "국가 차원의 권력을 잃는 것은 새로운 형태의 권력과 하위국가 차원에서의 정치의 가능성을 높인다"라고 제시한다(Sassen, 2008, 314). 그녀가 진행한 도시에 대한 참신한 연구는 국가 통치권이 줄어듦에 따라 그 빈자리를 도시 스케일이 대체할 것이라고 주장한다(예를 들면 Sassen, 2011). 사센은 도시의 미래를 중세 유럽에서의 도시의 역할과 연관 짓는다.

> 도시는 시민과 공적 국가 정치의 권리 표현이 세분화될 수 있게 하며, 이를 위한 충분한 공간을 제공할 수 있다. 이러한 다양한 경향은 중세 도시의 시민(burgher)의 사례를 떠올리게 한다. 그들은 비공식 행위자로, 상인으로서 갖는 "권력"의 원천과 정치적 주장을 할 수 있는 조건을 도시 공간에서 찾아냈다. 해석하건데 오늘날 복잡한 도시 역시 단지 다른 유형의 비공식적 정치 행위자와 주장을 위해 기능할 뿐, 이와 같은 생산적 공간으로 기능하고 있다.
>
> (Sassen, 2008, 321)

도시는 공식적인 소속의 맥락뿐만 아니라 새로운 사회적 구성들이 정치적 주장을 명확하게 표현하는 장소도 제공한다. 그러한 주장은 19세기와 20세기 초반에도 도시에서 제기되었는데, 도시는 생산과 착취, 계급투쟁의 중심지이며 따라서 프롤레타리안 정체성과 혁명의 움직임이 주조되는 장소였던 것이다(Merrifield, 2002). 오늘날 도시는 연대가 이루어지고 새로운 정체성을 형성하는 데 꾸준하게 촉매제가 되고 있다.

시민권을 연구하는 학자 엔진 아이신(Engin Isin)은 도시 스케일이 가진 의의에 대한 부가적인 관점을 제공한다. 그가 말하길 도시는 국민 국가를 비롯한 여타 구조와는 다르다. 도시는 "실제적(actual)**이면서도** 가상의 공간으로 존재한다"(Isin, 2007, 212, 원문에서 강조). 실제적인 공간으로서 도시는 주택, 거리, 공공 공간 등 물리적 인프라를 아우른다. 이러한 도시의 실제적 공간은 사람들이 서로 물리적으로 근접하도록 한다. 이곳은 "몸들이 모이는"(Butler, 2012, 117) 곳이며, 이는 "정치적 존재가 되는" 결정적인 조건이다(Isin, 2002; 2008). 정치적인 것을 촉진하기 때문에 "도시는 새로운 규범과 새로운 정체성이 **만들어지는** 핵심 장소이다"(Sassen, 2013, 69, 원문에서 강조). 이러한 방식으로 도시는 파시빌리아를 촉발하는 사회 및 정치적 실천을 위한 실제 공간을 제공한다. 한편, 가상공간으로서 도시는 특정한 방식으로 상상된다. 예컨대 도시는 거버넌스 구조나 법률 제도를 보유하지만 이러한 제도들은 도시의 실제 공간에서 집행될 때에만 존재하게 된다. 한편 도시와는 다르게 국민 국가는 "상상의 공동체"로, 즉 가상의 공간**에서만** 존재한다(Anderson, 1991). 이와 같은 사실은 유럽연합, 혹은 글로벌 빌리지나 글로벌 커먼즈 개념처럼 초국가적 개체에도 적용된다. 사실 이처럼 상상의 공동체의 다양한 스케일은 도시의 실제 공간을 통해 구현되기 때문에 도시는 파시빌리아가 발현되는 데 필수적인 스케일이다.

도시는 르페브르가 고안한 도시의 권리라는 개념에서 전제하는 스케일이기도 하다. 도시의 권리 개념은 곧 도시 정치를 의미하는데, 이는 "자본주의와 자유민주주의 시민권의 현재 구조를 직접적으로 비판하고 재고하는 급진적인 대안"을 제안한다(Purcell, 2002, 100). 한나 아렌트와 데이비드 하비의 입장을 따라, 철학자 에두아르도 맨디에타(Eduardo Mendieta)는 도시의 권리가 법적인 자격뿐만 아니라 "우리를 정의하고 우리 스스로를 만들어가는 방식을 결정할 권리를 포함한다고 말한다"(Mendieta, 2010, 445). 즉 불법 이주자를 비롯한 도시 거주민은 이전에는 존재하지 않았던 새로운 것을 할 수 있는 자유를 가진다(Arendt, 1960, 32). 따라서 그들은 파시빌리아를 초래할 권리가 있다.

르페브르는 고정되지 않고 "실험적인", 가능 도시를 상상한다(Lefebvre, 1996, 151). 이 도시는 르코르뷔지에, 에벤에셀, 하워드, 그리고 프랭크 로이드 라이트가 고안한 모더니스트들의 도시 유토피아처럼 아주 단단한 모델도 아니고, 현대의 사유나 개념으로 정의된 비전도 아니다. 하비(2012, 140, 원문에서의 괄호)는 르페브르의 도시 정치 개념에 다음과 같은 비평을 남긴다. "도시 조직에 대한 우리의 흔한 지식은 (르페브르가 꽤 정확하게 지속적으로 비판했던) 관료주의적 자본주의 통치성의 맥락하의 도시 거버넌스 및 행정에 대한 기존의 연구와 이론에 기인한다." 르페브르는 굳건한 유토피아를 구축하기보단 열린 상태로서 가능 도시를 꿈꾼다.

그가 이해한 도시 정치는 블로흐가 말한 "실재(real)" 가능성이나 내가 주주한 파시빌리아와 상응한다. 르페브르의 용어 "가능-불가능(possible-impossible)"도 같은 맥락이다. 건축학자 나타니엘 콜만(Nathaniel Coleman, 2013, 353 원문에서 강조)은 "블로흐의 개념 **실재-가능성**

은 르페브르의 **가능-불가능** 개념과 유사하다"라고 말한다. 르페브르(1996, 181)는 현재도 과거도 아닌 "'가능-불가능'의 지평에서" 그가 그리는 도시 프로젝트를 구체화한다. 게다가 이 가능-불가능 도시의 거주자는 오늘날 혹은 과거부터 관습적인 사유가 정의해 온 정체성들과는 다른 정체성을 포용한다. 이 도시에서 "이주자" 개념 자체는 더 이상 적절하지 않을 수 있으며, 그렇기에 도시 공동체에서 불법화되거나 배제된 구성원이 아닐 수 있다. 그러나 만일 그렇다고 하더라도 우리는 여전히 이 도시 거주자들이 미래에 채택하게 될 대안적인 정체성들이 무엇이 될지 알지 못한다.

## 결론

미래는 활짝 열려 있다. 심지어 "도시"라는 개념도 지금은 특정 역사적, 지리적 맥락에서 인용되지만 그걸 당연하게 여겨서는 안 된다. 사실 지리학자는 스케일이 세계를 이해하기 위해서 인간이 고안해낸 발명품이라는 사실을 오래전부터 알고 있었다. 아마 미래는 우리가 현 시점에서는 상상조차 할 수 없는 스케일의 인간 공존과 거버넌스를 담지할 것이다.

우연적 가능성은 오늘날의 관념들과 세계를 이해하는 방식 안에서 세계를 주조하는데, 저 멀리에 있는 파시빌리아를 향한 길을 따라 놓여있다. 요컨대 이전 장에서 설명한 이주자 보호도시는 그러한 우연적 가능성이다. 철학자 자크 데리다(Jacques Derrida, 2001)는 보호도시 개념을 취하여 "도피성城(city of refuge)" 논의로 한 발 더 나아간다. 그는 "도시에게 새로운 지위를 부여하는 꿈"을 쫓기 위해서 도시 스케일을 고수한다(2001, 3). 그러나 한편으로는 새로운 유형의 도시 정치를 그리고, 아직은 존재하지 않는 "성원권 양식"(4)을 발휘하는 "아직 발명되지 않은 새로운 연대의 형태"(4)를 그린다. 데리다의 도피성은 현재 우리의 시점으로는 이해할 수 없을 것이다.

알 수 없는 것을 향한 변화는 변증법적 방식으로 나아갈 것이다. 연대 행동은 이러한 변증법의 과정에서 벌어지는 개입이다. 이러한 행동은 이주자, 비이주자, 불법화된 사람, 시민, 토착민, 도시, 국가 사이의 구별들을 연결 지을 뿐만 아니라, 이러한 구별의 본질에 대해 의문을 제기한다. 그렇기에 연대 행동은 결국 함께 살아가는 새로운 방식을 일깨울 새로운 정치 행위자에 대한 의식을 만들어 낼지도 모른다.

한편, 급진적인 변화는 변증법적 부정(不定)의 위험을 품고 있기도 하다. 만일 영토적 국민 국가가 이동을 통제하는 독점적 지위를 잃게 된다면, 영토에 대한 접근은 쉽게 사적 소유권에 의한 폐쇄공동체 모델을 따르게 될 수 있다(Torpey, 2000, 157). 오스트리아, 앤티가 바부다, 사이프러스, 몰타, 세인트키츠 네비스와 같은 국가의 시민권은 이미 경제적 투자나 자선적 기부를 대가로 누구나 획득할 수 있게 되었다. 캐나다와 같은 국가에서는 이주 프로그램이 경제적 엘리트와 별개로 작동되고 있다. 이러한 위험과 마찬가지로, 전근대적 정치 질서로의 회귀 역시 섬뜩할 것이다. 전근대적 정치 질서란 요컨대 국경선으로 식별할 수 없는, 시리아와 이라크의 영토 내 새롭게 세워진 이슬람 칼리프(caliphate) 국가의 지도자에 의해 고안 된 질서이다. 인간의 이주와 소속을 재사유하고 재구성하기 위해서는 지속적으로 성찰하고, 이주 및 소속에 관한 실천과 구조가 동시에 바뀌도록 참여하는 것, 그리고 세계를 이해하기 위해 그에 해당하는 방식을 갖추는 것이 필요하다. 참여는 앞으로도 계속해서 필요할 것이다.

### 참고문헌


Alldred, Pam. 2003. "No Borders, No Nations, No Deportations." *Feminist Review* 73: 152-157.

Anderson, Benedict. 1991. *Imagined Communities: Reflections on the Origin and Spread of Nationalism,* revised edition. London: Verso.

Anderson, Bridget, Nandita Sharma, and Cynthia Wright. 2009. "Why No Borders?" *Refuge* 26(2): 5-18. Accessed October 4, 2011. http://pi.library.yorku.ca/ojs/index. php/refuge/article/viewFile/32074/29320.

Arendt, Hannah. 1960. "Freedom and Politics: A Lecture." *Chicago Review* 14(1): 28-46.

Balibar, Étienne. 2000. "What We Owe to the San-Papiers." In *Social Insecurity*, edited by Len Guenther and Cornelius Heesters, 42-44. Toronto: Anansi.

Bauder, Harald. 2011. "Closing the Immigration-Aboriginal Parallax Gap." *Geoforum* 42(5): 517-519.

Beck, Ulrich and Edgar Grande. 2007. *Das kosmopolitische Europa: Gesellschaft und Politik in der Zweiten Moderne* (The Cosmopolitan Europe: Society and Politics in the Second Modernity). Frankfurt am Main: Suhrkamp.

Bloch, Ernst. 1985 [1959]. *Das Prinzip Hoffnung.* Frankfurt/Main: Suhrkamp.

Buckel, Sonja, Fabian Georgi, John Kannankulam, and Jens Wissel. 2012. "'... wenn das Alte nicht stirbt und das Neue nicht zur Welt kommen kann.' Kräfteverhältnisse in der europäischen Krise." In *Die EU in der Krise: Zwischen autoritärem Etatismus und europäischem Frühling,* edited by Forschungsgruppe Staatsprojekt Europa, 12-48. Münster: Westfälisches Damptboot.

Butler, Judith. 2012. "Bodies in Alliance and the Politics of the Street." In *Sensible Politics: The Visual Culture of Nongovernmental Activism*, edited by Meg McLagan and Yates McKee, 117-137. New York: Zone Books.

Cité sans frontiers. 2013a. "Building a Solidarity City Conference." Accessed February 2, 2016. http://www.solidarityacrossborders.org/en/building-a-solidarity-city-conference-november-23-24.

Cité sans frontiers. 2013b. "Community Statement: 'Ensemble contre la Charte xénophobe'" (Together against the Xenophobic Charter). Accessed December 4, 2015. https://www.solidarityacrossborders.org/en/community-statement-%E2%80%9Censemble-contre-la-charte-xenophobe% E2%80%9D-together-against-the-xenophobic-charter

Coleman, Nathaniel. 2013. "Utopian Prospect of Henri Lefebvre." *Space and Culture* 16(3): 349-363.

Darling, Jonathan and Vicki Squire. 2013. "Everyday Enactments of Sanctuary: The UK City of Sanctuary Movement." In *Sanctuary Practices in International Perspectives: Migration, Citizenship and Social Movements*, edited by Randy K. Lippert and Sean Rehaag, 191-204. Abingdon: Routledge.

Derrida, Jacques. 2001. *On Cosmopolitanism and Forgiveness*, translated by Mark Dooley, and Michael Hughes. London: Routledge.

Harvey, David. 2005. *A Brief History of Neoliberalism*. Oxford: Oxford University Press.

Harvey, David. 2012. *Rebel Cities: From the Right to the City to the Urban Revolution*. London: Verso.

Hawel, Marcus. 2006. "Negative Kritik und bestimmte Negation: Zur praktischen Seite der kritischen Theorie." In *Aufschrei der Utopie: Möglichkeiten einer anderen Welt*, edited by Marcus Hawel and Gregor Kritidis, 98-116. Hannover: Offizin-Verlag.

Isin, Engin. 2002. *Being Political: Genealogies of Citizenship*. Minneapolis, MN: University of Minnesota Press.

Isin, Engin. 2007. "City State: Critique of Scalar Thought." *Citizenship Studies* 11(2): 211-228.

Isin, Engin. 2008. "Theorizing Act of Citizenship." In *Act of Citizenship*, edited by Engin Isin and Greg Nielsen, 15-43. New York: Zed Books.

Johnson, Heather. 2012. "Moments of Solidarity, Migrant Activism and (Non)Citizens at Global Borders: Political Agency at Tanzanian Refugee Camps, Australian Detention Centres and European Borders." In *Citizenship, Migrant Activism and the Politics of Movement*, edited by Peter Nyers and Kim Rygiel, 109-128. London: Routledge.

Kelz, Rosine. 2015. "Political Theory and Migration: Concepts of Non-Sovereignty and Solidarity." *Movements* 1(2): 1-18. Accessed February 10, 2016. http://movements-journal.org/issues/02.kaempfe/03.kelz-political-theory-migration-non-sovereignty-solidarity.html.

Lefebvre, Henri. 1996. *Writing on Cities*, translated by Eleonore Kofman and ElizabethLebas. Oxford: Blackwell.

Linebaugh, Peter. 2008. *The Magna Carta Manifesto: Liberties and Commons for All*. Berkley, CA: University of California Press.

McDonald, Jean. 2012. "Building a Sanctuary City: Municipal Migrant Rights in the City of Toronto." In *Citizenship, Migrant Activism and the Politics of Movement*, edited by Peter Nyers and Kim Rygiel, 129-145. London: Routledge.

Mendieta, Eduardo. 2010. "The City to Come: Critical Urban Theory as Utopian Mapping." *City* 14(4): 442-447.

Merrifield, Andy. 2002. *Metromarxism: A Marxist Tale of the City*. New York: Routledge.

No One Is Illegal. 2012. "#May1TO, May Day: Solidarity City! Status for All! Decolonize Now!" March 1. Accessed February 10, 2016. http://toronto.nooneisillegal.org/MayDay2013.

No One Is Illegal. 2013. Email circular, November 11.

Nyers, Peter. 2010. "No One Is Illegal between City and Nation." *Studies in Social Justice* 4(2): 127-143.

Nyers, Peter and Kim Rygiel. 2012. "Introduction." In *Citizenship, Migrant Activism and the Politics of Movement,* edited by Peter Nyers and Kim Rygiel, 1-19. London: Routledge.

O'odham Newswire. 2010. "1st Nation and Migrants Oppose Sb1070 Demand Dignity, Human Rights, and End to Border Militarization." May 21. Accessed November 30, 2015. http://oodhamsolidarity.blogspot.ca/2010/05/occupation-of-border-patrol-headquaters.html.

Purcell, Mark. 2002. "Excavating Lefebvre: The Right to the City and Its Urban Politics of the Inhabitant." *GeoJournal* 58(2-3): 99-108.

Rancière, Jacques. 1999. *Dis-Agreement: Politics and Philosophy.* Minneapolis, MN: University of Minnesota Press.

Rancière, Jacques. 2004. "Introducing Disagreement." *Journal of the TheoreticalHumanities* 9(3): 3-9.

Samers, Michael. 2003. "Immigration and the Spectre of Hobbes: Some Comments for the Quixotic Dr. Bauder." *ACME* 2(2): 210-217.

Sassen, Saskia. 2008. *Territory, Authority, Rights: From Medieval to Global Assemblages,* updated edition. Princeton, NJ: Princeton University Press.

Sassen, Saskia. 2011. *Cities in a World Economy,* 4th edition. Thousand Oaks, CA: Pine Forge.

Sassen, Saskia. 2013. "When the Centre No Longer Holds: Cities as Frontier Zones." *Cities* 34: 67-70.

Scheeres, Julia. 2001. "Borderhack: Barbed and Unwired." *Wired,* 23 August. Accessed November 29, 2015. http://archive.wired.com/culture/lifestyle/news/2001/08/45921.

Sharma, Nandita. 2013. Discussion at the International Workshop "Translating Welfare and Migration Policies in Canada and Germany: Transatlantic and Transnational Perspectives in Social Work," Frankfurt, October 18.

Sharma, Nandita and Cynthia Wright. 2008-9. "Decolonizing Resistance, Challenging Colonial States." *Social Justice* 35(3): 120-138.

Squire, Vicki and Jennifer Bagelman. 2012. "Taking Not Waiting: Space, Temporality and Politics in the City of Sanctuary Movement." In *Citizenship, Migrant Activism and the Politics of Movement,* edited by Peter Nyers and Kim Rygiel, 146-164. London: Routledge.

Standing, Guy. 2011. *The Precariat: The New Dangerous Class.* London: Bloomsbury Academic.

Stierl, Maurice. 2012. "'No One Is Illegal!' Resistance and the Politics of Discomfort." *Globalizations* 9(3): 425-438.

Torpey, John. 2000. *The Invention of the Passport: Surveillance, Citizenship and the State.* Cambridge: Cambridge University Press.

Walia, Harsha. 2013. *Undoing Border Imperialism.* Oakland, CA: A. K. Press.

Walters, William. 2006. "No Border: Games with(out) Frontiers." *Social Justice* 33(1): 21-39.

Wells, H. G. 1959 [1905]. *A Modern Utopia and Other Discussions: The Works of H. G. Wells*, Atlantic edition, Volume IX. London: T. Fischer Unwin.

–
8장
–

# 결론

몇 년 전 나의 동료이자 정치학자인 파비안 게오르기(Fabian Georgi)에게 이 책에 담을 몇 가지 아이디어를 보여 주었을 때, 그는 경계와 이주에 대한 비판이 "시스템 전체의 비인간성과 그것이 근본적으로 바뀌어야 한다는 필요성을 드러내기 위해서 파고들 수 있는 좁은 균열 및 틈새"에 대한 관점을 제공한다고 말했다. 그가 옳다. 개인의 자유가 침해되는 것, 부정의(injustice)와 억압, 경계로 인해 미래가 부정당하는 것은 글로벌 자본주의와 식민지 역사, 또는 시민권, 출신, 인종적 표식, 성별/젠더, 카스트 계급을 기반으로 이루어지는 지속적인 억압과 분리해서 이해할 수 없다. 이주의 자유를 요구하는 것은 인간 해방을 향한 한 단계(중요한 한 단계이긴 하지만)일 뿐이다. 앞의 장들은 이러한 좁은 주제들에 대한 비판 그 이상을 제공하며, 현대 글로벌 사회 전체를 비판하고 있다.

게오르기(2014)는 자신의 연구에서 노예제도나 봉건제도의 폐지에 따른 대규모 사회 변혁에 상응하는 수준으로 개방국경과 무국경을 촉구한다. 노예제도 및 봉건제도 폐지는 역사적으로 어떻게 정치 사회적 변혁이 일어날 수 있었는지를 보여 주는 중대한 사건이다. 우선, 이러한 발전은 옹호자들이 기존의 법률 및 정치 구조 범위 내에서 활동할 수 있게 만드는 일상의 정치에 실천적으로 참여할 것을 요구했다. 다른 한편으로는, 노예제도나 봉건제도가 폐지되면서 불확실한 세계로 뻗은 길로 기꺼이 걸어 나갈 의지를 촉구하기도 했다. 정치적·사회적 변혁에 대한 이러한 이중적인 접근 방식은 우연적 가능성과 파시빌리아에 대해 잘 설명해 줄 뿐만 아니라, 이 둘은 함께 추구되어야 한다는 점을 보여 준다.

비평가들은 활동가들과 학자들이 우연적 가능성과 파시빌리아를 동시에 추구할 때 자기모순에 빠질 수 있다고 주장할지도 모른다. 이들은 이주자들에게 거주지 시민권을 부여함으로서 국가 정부가 이주자들을 수용하도록 요구하는 것과 동시에, 이주자들에게 권리를 부여하거나 거부할 수 있는 국가의 정당성을 조금씩 깎아내리는 것은 일관성이 없다고 주장할 수도 있다. 실제로 이러한 입장은 모순된다. 그러나 정치 또는 정치 문제와 관련한 인간의 삶이 항상 일관성이라는 구속에 부응해야만 하고 진보는 항상 선형적이어야 한다는 생각을 버린다면, 모순이 사회 변혁의 필수적인 계기임을 받아들일 수 있을 것이다.

활동가들은 이러한 깨달음을 통해서 다양한 수준의 가능성을 동시에 추구하도록 동기 부여가 되었다. 그들은 각각의 수준들이 상호 배타적인 것이 아니라 상호 보완적인 것이라 여긴다. 활동가 하르샤 왈리아(Harsha Walia, 2013, 99)에 따르면, "포괄적인 정치적 시각을 유지하고 영감을 받기 위해서 공동체를 조직하는 단조로운 일과와 보다 광범위한 좌파 투쟁 사이의 연결고리를 유지하는 것이 필요하다". 사이드 칼리드 후산(Syed Khalid Hussan, 2013, 283)은 "우리가 하려는 것은 미래를 위한 비전인 동시에 현재를 조금 더 낫게 만들려는 것임을 보여 주어야 한다"라고 선언함으로써 이러한 정서에 공감하고 있다. 다양한 수준의 가능성에 내재된 모순들은 행동을 마비시키는 것이 아니라 오히려 촉진한다. 마찬가지로, 비판 연구자들은 물질세계와 추상적인 사고, 그리고 실제 상황과 가능한 것 사이의 모순들을 오랫동안 수용해 왔다. 그들은 또한 우연적 가능성과 파시빌리아 사이의 모순이 사회 변혁을 일으킬 생산적인 힘이라는 것을 인식해야만 한다.

그러나 활동가들과 학자들은 변증법의 추(錘)가 의도하지 않은 방향으로 흔들릴 수 있다는 점 또한 주지해야 한다. 노예제와 봉건제의 폐지도 폭력, 반란, 전쟁을 낳았다. 이는 자본주의의 한 형태로 이어졌는데, 이 또한 매우 문제가 많은 것이었다. 같은 방식으로, 개방국경과 무국경을 추구하는 것은 의도치 않은 결과들을 초래할 것이다. 이러한 추구는 "희망"을 줄 뿐만 아니라(Bloch, 1985 [1959]; Harvey, 2000), "혼란"을 준다(Purcell, 2002, 100). 즉 그것은 꿈도 악몽도 될 수 있으며, 엄청난 이익을 가져올 수도 엄청난 해를 끼칠 수도 있다(Hiebert, 2002). 사회 변혁의 변증법은 항상 열려 있기 때문에 우리는 더 큰 비전과 즉각적인 실천적 대응을 가지고 지속적이고 비판적으로 참여해야 한다.

인류는 필연적으로 현재의 시각으로는 헤아릴 수 없는 세상을 창조할 것이다. 그 세상에서는 우리가 소중히 여기는 개념들이 더 이상 진리 값을 갖지 못할 것이며, 그렇지 않다 할지라도 적어도 지금과 같은 방식으로 갖지는 않을 것이다. 모순적이게도 이러한 예상은 우리가 앞 장들에서 논의했던 관념이나 개념 역시 당연히 여겨서는 안 된다는 것을 의미한다.

이러한 관념들 중 하나는 사회가 스스로를 조직하는 영토 스케일과 관련된다. 이 책은 국가 스케일을 강조하면서 시작했다. 나는 경계가 어떻게 사람들을 배제하고 박탈감을 주는지, 그리고 경계 레짐이 어떻게 엄청난 수의 이주자들을 죽음으로 내모는지 보여 주었다. 나는 책 후반부에서 이주자들이 어떻게 도시 공동체에 속할 수 있는지를 설명하기 위해 도시 스케일로 전환했다. 그러나 국가와 도시만이 우리가 속할 수 있는 공동체를 정의하는 유일한 척도는 아니다. 가령 이주자와 난민을 위한 보호구역 개념은 도시적인 현상일 뿐만 아니라, 다른 스케일과 비도시적 맥락에서도 존재한다(Lippert and Rehaag, 2013). 도시는 이주자의 불법화를 완화하기 위한 중요한 "전략적 장소"(Sassen, 2013, 69)를 제공할지 모르지만, 그에 상응하는 활동가들의 운동이 국가적 스케일이나 도시 스케일에서 수용된다고 말하기 어렵다. 예를 들어, NOII(No One Is Illegal)은 대도시에서 활동하면서도, 일반적으로 도시나 국가로 여겨지지 않는 지역의 원주민 토지 소유권과 원주민 정의를 위해서도 싸운다(Walia, 2013). 심지어 도시 자체도 어떤 단일한 영토가 아니라, 보호 관행이 시행되는 특정한 구역과 그렇지 않은 넓은 도시 공간으로 이루어져 있다(Young, 2010). 국가와 도시 모두 자연스러운 것, 또는 소속감의 유일한 스케일로 간주되어서는 안 된다.

나는 파시빌리아로 가는 길에서 영토와 소속의 스케일을 의문시하는 것이 중요한 문제가 될 것이라 믿는다. 일부 비판 도시 이론가들은 더 이상 도시와 비도시의 맥락을 구분하지 않는다. 철학자 앙리 르페브르는 그의 유명한 저서 『도시 혁명(The Urban Revolution)』을 "사회는 완전히 도시화되었다"는 가설로 시작했다(Lefebvre, 2003 [1997], 1). 도시 이론가 닐 브레너(Neil Brenner)는 "도시는 더 이상 어떤 뚜렷하고 상대적으로 경계 지어진 장소로 볼 수 없다. 대신 일반화된, 즉 세계적인 조건(planetary condition)이 되었다"라고 단언한다(Brenner, 2011, 21). 그리고 시민권 연구자인 엔진 아이신(Engin Isin, 2007, 212)은 국민 국가와 제국들이 "도시 주변에 조직되고 도시 내에 기반을 둔 관습들에 의해 유지된다"라고 주장한다. 만약 도시가 사회 전체를 포괄한다면, 도시는 더 이상 분석적 범주로서 유용하지 않을 것이다. 이는 국가 스케일에도 동일하게 적용된다. 역사적으로 볼 때, 국가 스케일은 비교적 최근의 현상이며, 우리는 현재 유럽에서, 구소련에서, 그리고 지속적인 글로벌화 실천을 통해 이러한 범주가 어떻게 재작동되는지를 관찰하고 있다. 어쩌면 파시빌리아에서 도시와 국가 범주는 모두 구식이 될 수도 있다.

재고해야 하는 또 다른 개념은 이주다. 이동성 연구 분야에서는 학문이 국가 간 경계를 넘어 이주하는 특정한 사례를 지나치게 강조하기보다는 개인들의 일반적인 움직임에 초점을 맞춰야 한다고 제안했다(Cresswell, 2006; Urry, 2000). 지리학자 벤 로갈리(Ben Rogaly, 2015, 528)는 최근, "한 번 국경을 넘어 이주한 적이 있는 사람이라면, 이 순간을 인생에서 가장 중요한 순간으로 볼 필요는 없다"며, 이 사람에게는 국가 내에서의 이동이 더 중요할 수 있다고 주장했다. 가령, 어린 시절에 국제 이주를 경험하고 이후 국가 내에서의 이동이 중요한 인생 경험이나 사건과 관련 있는 경우가 있을 수 있다. 하지만, 내가 이 책에서 도출한 주요 결론은 그럼에도 불구하고 우리가 국경을 넘는 이주에 초점을 두어야 한다는 것이다. 왜냐하면 이러한 유형의 이주는 사람들의 배제, 박탈, 그리고 죽음과 연관되어 있기 때문이다. 이주자들의 죽음은 보트 침몰, 자동차 충돌, 사막에서 길을 잃는 사고처럼 보일 수 있지만, 그렇지 않다. 오히려 이렇게 죽음으로 이어지는 상황은 의식적, 정치적 결정과 그 실천에 의해 만들어졌고, 이주자들은 이러한 결정들에 대응하고 있다.

비판 연구가들은 이주자라는 개념 자체가 애당초 국제적 경계짓기 관행의 구성물이라는 것을 잘 알고 있다. 이주자가 된다는 것은 곧 국가 간 경계를 넘었다는 것을 의미한다(Sharma, 2006; Anderson et al., 2009). 그러나 이러한 자각 때문에 우리가 앞으로 경계 레짐을 연구하면 안 되고, 경계 실천을 비판하면 안 된다는 것을 의미하지 않는다.

현재 이주가 어떻게 재평가되고 있는지를 보여 주는 흥미로운 사례는 "이주의 자주성"이라는 개념에서 찾을 수 있다. 이 개념은 이주를 억제하려고 노력하는 경계 레짐에 대해 이주자들이 자주적이고 창의적인 방식으로 대응한다는 것을 암시한다. 비록 이러한 자유가 공식적으로 이주자들에게 주어지지는 않지만, 자주적인 이주자들은 이주의 자유를 행사한다. 그들의 자주성은 결국 국가를 수세로 몰아넣는다. 국가와 기타 행위자들은 인구 이동을 통제하기에는 역부족이기 때문에, 그들은 경계 관행을 채택하고, 이동성 관리 체제를 조정하며, 경계와 이주를 통제할 새로운 기술들을 개발해야 한다(Casas-Cortes et al., 2015; Nyers, 2015; Mudu and Chattopadhyay, 2016). 이러한 측면에서 이주의 자주성 개념은 본질적으로 변증법적 실천을 설명한다. 자주적 이주는 이동의 자유를 실천하고 있는 사람들과 이 자유를 구속하려는 세력들 간의 역동적인 관계들로 구성된다. 더 나아가, 자주적 이주는 이주의 자유를 규정하는 사람들과 이주자의 통제를 벗어난 세력을 억제하려는 세력 간의 역동적인 관계로 구성되어 있으며, 정치적인 활동이라 할 수 있다. 미국, 호주, 유럽 등지로 향하는 배, 열차, 버스, 트럭 등에 오른 사수적 이주자들은 2006년 시카고 시위와 토론토에서 열린 메이데이 퍼레이드에 참여한 사람들과 비슷한 방식으로 정치적으로 행동한다. 이러한 이주자들은 정치적으로 행동함으로써 즉각적으로 경계 정치와 실천을 바꿀 뿐만 아니라, 파시빌리아를 깨울 열쇠를 쥐고 있다.

자유라는 개념 또한 비판적으로 바라볼 필요가 있다. 개인의 자율성이라는 측면에서의 자유라는 진보적인 개념은 부당한 경제적 관행과 억압적인 정치 구조를 재확인하는 데 사용될 때 문제가 된다(Harvey, 2009). 자유 개념에 대한 다른 해석들 또한 고도로 맥락 특수적이다. 이 책에서 이주의 자유라는 주제를 논의한 것은 단순히 많은 사람들에게 이 자유가 허락되지 않기 때문이다. 그러나 대부분의 사람들은 이러한 자유를 행사하고 싶어 하지 않을 것이다. 그들은 오히려 자신들이 있는 곳에 머물기를 선호할 것이다. 그들은 전쟁, 불의, 가난, 기회의 부족을 벗어나기 위해 이주하는 것 외에는 선택의 여지가 없을 때에만 이러한 자유를 활용한다. 즉 살기 위해서 또는 보다 나은 삶을 위해서 이주한다. 이주의 자유는 정주의 자유와 공존한다. 한쪽에서 이주의 자유와 정주의 자유는 서로 다른 정치와 비전을 요구하지만, 파시빌리아에서는 이주할 자유도 머물 자유도 당연한 것이기 때문에 이슈가 되지 않을 것이다.

『이주·경계·자유(Migration Borders Freedom)』라는 책을 통해, 나는 지난 수십 년간 학계와 정치권에서 잃어버린 듯한 유토피아적 가능성을 되살리려고 노력했다. 이러한 가능성에는 이주의 자유와 소속의 자유가 포함된다. 그러나 시급한 목표는 2016년 1월 2일 그리스 해안에서 발견된 두 살배기 갓난아기의 죽음, 2013년 4월 11일 순다 해협(Sunda strait)에서 익사한 58명, 애리조나 사막에 유기된 임산부, 태국과 말레이시아의 정글에 대규모로 매장된 사람들의 죽음을 야기한 살인 행위를 막는 것이어야 한다. 우리는 이 고통과 죽음을 끝내기 위한 완벽한 유토피아적 해결책을 기다리기만 해서는 안 된다. 그렇지만 보다 공평하고 자유로운 파시빌리아에 대한 영감이 우리를 올바른 방향으로 인도할 것이다.

**참고문헌**

Anderson, Bridget, Nandita Sharma, and Cynthia Wright. 2009. "Why No Borders?" *Refuge* 26(2): 5-18.

Bloch, Ernst. 1985 [1959]. *Das Prinzip Hoffnung*. Frankfurt/Main: Suhrkamp.

Brenner, Neil. 2011. "What Is Critical Urban Theory?" In *Cities for People, Not for Profit: Critical Urban Theory and the Right to the City*, edited by Neil Brenner, Peter Marcuse, and Margit Mayer, 11-23. Oxon: Routledge.

Casas-Cortes, Maribel, Sebastian Cobarrubias, and John Pickles. 2015. "Riding Routes and Itinerant Borders: Autonomy of Migration and Border Externalization." *Antipode* 47(4): 894-914.

Cresswell, Tim. 2006. *On the Move: Mobility in the Modern Western World*. New York: Routledge.

Georgi, Fabian. 2014. "Was ist linke Migrationspolitik?" *In Luxemburg Gesellschafts analyse und Zinke Praxis*. Berlin: Rosa Luxemburg-Stiftung. Accessed January 4, 2016. http://www.zeitschrift-luxemburg.de/was-ist-linke-migrationspolitik.

Harvey, David. 2000. *Spaces of Hope*. Berkeley, CA: University of California Press.

Harvey, David. 2009. *Cosmopolitanism and the Geographies of Freedom*. New York: Columbia University Press.

Hiebert, Daniel. 2002. "A Borderless World: Dream or Nightmare?" *ACME*

2(2): 188-193.

Hussan, Syed Khalid. 2013. "Epilogue." In *Undoing Border Imperialism*, edited by Harsha Walia, 277-281. Oakland CA: A. K. Press.

Isin, Engin. 2007. "City State: Critique of Scalar Thought." *Citizenship Studies* 11(2): 211-228.

Lefebvre, Henri. 2003 [1970]. *The Urban Revolution,* translated by Robert Bononno. Minneapolis, MN: University of Minnesota Press.

Lippert, Randy K. and Sean Rehaag, eds. 2013. *Sanctuary Practices in International Perspectives: Migration, Citizenship and Social Movements.* Abingdon: Routledge.

Mudu, Pierpaolo and Sutapa Chattopadhyay. 2016. *Migrations, Squatting and Radical Autonomy*. London: Routledge.

Nyers, Peter. 2015. "Migrant Citizenship and Autonomous Mobilities." *Migration, Mobility, and Displacement* 1(1): 23-38.

Purcell, Mark. 2002. "Excavating Lefebvre: The Right to the City and Its Urban Politics of the Inhabitant." *GeoJournal* 58(2): 99-108.

Rogaly, Ben. 2015. "Disrupting Migration Stories: Reading Life Histories through the Lens of Mobility and Fixity." *Environment and Planning D: Society and Space* 33(3): 528-544.

Sassen, Saskia. 2013. "When the Centre No Longer Holds: Cities as Frontier Zones." *Cities* 34: 67-70.

Sharma, Nandita. 2006. *Home Economics: Nationalism and the Making of "Migrant Workers" in Canada*. Toronto: University of Toronto Press.

Urry, John. 2000. *Sociology beyond Societies: Mobilities for the Twenty-First Century*. London: Routledge.

Walia, Harsha. 2013. *Undoing Border Imperialism*. Oakland, CA: A. K. Press.

Young, Julie E. E. 2010. "'A New Politics of the City': Locating the Limits of Hospitality and Practicing the City-as-Refuge." *ACME* 10(3): 534-563.

# 감사의 글

저는 독일 프라이부르크의 알베르트-루트비히 대학교(Albert-Lutwigs University)에서 안식년을 보내면서, 환경 사회과학 및 지리학 연구소에 있는 팀 프라이타크(Tim Freytag)와 그 동료들의 환대 속에 이 책의 원고를 완성했습니다. 이번 체류는 알렉산더 폰 훔볼트 재단(Alexander von Humboldt Foundation)과 캐나다 왕립 학회(Royal Society of Canada)가 공동으로 수여하는 콘라트 아데나워 연구상(Konrad Adenauer Research Award) 덕분에 가능했습니다. 또한 이 책의 다른 부분에 대한 연구를 지원해 준 캐나다 사회과학 및 인문 연구위원회(the Social Sciences and Humanities Research Council of Canada)에도 감사의 말을 전합니다. 이 책의 색인 작업은 라이어슨 대학교(Ryerson University)의 인문학과 사무실에서 제공한 지원금으로 이루어졌습니다.

또한 협조적이고, 역동적이며, 활발한 연구 환경을 지닌 라이어슨 대학교의 인문학과와 커뮤니티 서비스 학과, 특히 지리환경학부와 이주 및 정착 연구 대학원 과정, 라이어슨 이민 및 정착 센터의 제 동료들에게 감사드립니다. 그중에서도 특히 쟝 폴 부드로(Jean-Paul Boudreau), 웬디 쿠키어(Wendy Cukier), 우샤 조지(Usha George), 자넷 럼(Janet

Lum), 클라우스 리너(Claus Rinner), 존 실즈(John Shields), 마이어 시미아티키(Myer Siemiatycki), 바푸 타이스카(Vappu Tyyskä), 슈광 왕(Shuguang Wang)이 많은 도움을 주었습니다. 또한 글로벌 다양성 교류회(Global Diversity Exchange)의 라트나 오미드바르(Ratna Omidvar)와 그녀의 팀이 연구와 실천을 연계시키는 고무적인 작업에 대해서도 감사를 표하고 싶습니다.

제가 독일에 있는 동안 프라이부르크 이주 연구 네트워크(Freiburger Netwerk für Migrationsforschung)의 헤이커 드롯보흠(Heike Drot-bohm), 안나 립하르트(Anna Lipphardt), 알베르트 셰러(Albert Scherr), 잉가 슈바르츠(Inga Schwarz)와 그 동료들이 풍성한 토론을 함께해 주었습니다. 이 책에 필요한 자료들을 개발하는 과정에서, 베른트 벨리나(Bernd Belina), 울리 베스트(Uli Best), 란지트 바스카르(Ranjit Bhaskar), 프랑크 디벨(Franck Diivell), 살바토레 엥겔-디 마우로(Salvatore Engel-di Mauro), 파비안 게오르기(Fabian Georgi), 켄 휴잇(Ken Hewitt), 댄 히베르트(Dan Hiebert), 존 카난쿨람(John Kan-nankulam), 오드리 고바야시(Audrey Kobayashi), 발레리 프레스턴(Valerie Preston), 마이클 새머스(Michael Samers), 닉 시어도어(Nik Theodore), 크리스티나 웨스트(Christina West)와 토론하며 많은 도움을 받았습니다. 뿐만 아니라, 존 애그뉴(John Agnew), 클라우스 쿠펠드(Klaus Kufeld), 피오나 매코널(Fiona McConnell), 알렉산더 머피(Alexander Murphy), 울리케 람밍(Ulrike Ramming), 마이클 바인가르텐(Michael Weingarten), 잰 윙클러(Jan Winkler)는 책에 제시된 다양한 아이디어에 대한 귀중한 피드백을 주었습니다. 이 책을 위한 연구는 수 년간 계속되어 왔고, 연구 기간 동안 뛰어난 조교들의 도움을 받아왔습니다. 특히 라이어슨 대학교의 클레어 엘리스(Clair Ellis)와 채리티-앤 해넌(Charity-Ann Hannan), 프라이부르크 대학의 마크 슐체(Marc Schulze)와 헬게 피에펜부르크(Helge Piepenburg)는 제가 이 책에 제시된 주장들을 개진하는 데 필요한 정보를 찾아내고 편집하는 데 도움을 준 매우 유능한 연구자들이었습니다. 두 개의 지도를 디자인해 준 비르지트 가이다(Birgitt Gaida), 그리고 한 지도에 대한 데이터를 준비해 준 마이클 바우더(Michael Bauder)에게도 특별히 감사를 표합니다.

세 명의 익명의 검토자들이 책의 제안서에 대해 훌륭한 피드백을 제공해 주었으며, 이는 책의 많은 부분들을 강화하는 데 도움이 되었습니다. 이와 더불어, 수타파 차토파디아이(Sutapa Chattopadhyay)와 피에르파올로 무두(Pierpaolo Mudu)는 서론에 대한 논평을 해 주었으며, 이들의 통찰력과 건설적인 비평 덕에 책 전반에 걸친 주장들을 다듬는 데 도움이 되었습니다. 카렌 우칙(Karen Uchic)은 원고를 통독하고 원고의 접근성이나 가독성을 높일 수 있는지, 그리고 이 책에서 중요한 역할을 하는 "파시빌리아(possibilia)"라는 용어가 인정받을 수 있는지에 대해 조언을 아끼지 않았습니다. 루트리지 출판사의 파예 리링크(Faye Leerink) 편집장과 그녀의 동료들인 엠마 셔펠(Emma Chappell), 프리실라 콜벗(Priscilla Corbett), 캐시 휴런(Cathy Hurren), 던 프레스턴(Dawn Pres-ton), 메건 스미스(Megan Smith)에게 감사드립니다. 색인 부분은 세라 에레이라(Sarah Ereira)가 작성해 주었습니다.

이 책에서 사용된 아이디어의 상당수들이 지난 10년 사이에 개발되었으며, 과거에 출판되었거나 동료들이 검토한 일련의 학회지 논문들에 등장한 바 있습니다. 개방국경이라는 주제에 대한 저의 초창기 연구물은 2003년 오픈 액세스 학회지인 *ACME: A Critical International E*

*Journal of Critical Geographies*(Volume 2, issue 2, pp.167–182)에 "Equality, Justice and the Problem of International Borders: A View from Canada"라는 제목으로 출간되었습니다. 당시 학회지의 편집위원이었던 로런스 버그(Lawrence Berg), 캐럴라인 데스비언스(Caroline Desbiens), 파멜라 모스(Pamela Moss)는 울리 베스트, 댄 히베르트, 발레리 프레스턴, 그리고 마이클 새머스를 초대하여 이 주제에 대해 비판적으로 논평할 가치가 있다고 판단했습니다. 그리고 그 논평들은 "Engagement: Borders and Immigration"이라는 주제로 함께 출간되었습니다. 개방국경이라는 주제에 대한 이러한 관심들은 제가 이 주제를 더욱 깊이 파고들 수 있는 동기를 부여했습니다. 그 후 수년에 걸쳐 이어진 저의 국경 통제와 이에 대한 잠재적인 해결책에 관한 연구들은 제 연구의 초점을 무국경 관점, 거주지주의와 도시 시민권, 유토피아, 가능성과 같은 개념들로 확장하도록 이끌어 주었습니다.

저는 수년 동안 이 주제들에 관한 몇 개의 학회지 논문들을 발표해 왔습니다. 이 책을 집필하면서 학회지 논문의 본질이라고 할 수 있는 좁고 단일한 논점을 바탕으로, 논문들을 다시 읽으면서 이를 더 멀리까지 도달하는 응집력 있는 내러티브로 발전시킬 수 있었습니다. 『이주·경계·자유』에 포함하기 위해 여러 논문을 수정하고, 이전에 발표하지 않았던 자료들을 추가했습니다. 다음의 논문들을 수정된 형태로 재사용할 수 있게 허가해 주신 학회지 측에 감사 인사를 전합니다.

## 참고문헌


"Perspectives of Open Borders and No Border," *Geography Compass* 9(7) (2015): 395-405.

"Possibilities of Open Borders and No Border," *Social Justice* 39(4) (2014): 76-96.

"Open Borders: A Utopia?" [Un monde sans frontières: une utopie? translation: Sophie Didier], *Justice Spatiale/Spatial Justice* 5 (December) (2013): 1-13 (available at: http://www.jssj.org/article/un-monde-sans- frontieres/).

"*Jus domicile*: In Pursuit of a Citizenship of Equality and Social Justice," *Journal of International Political Theory* 8(1-2) (2012): 184-96.

"Towards a Critical Geography of the Border: Engaging the Dialectic of Practice and Meaning," *Annals of the Association of American Geographers* 101 (5) (2011): 1126-39.

"Possibilities of Urban Belonging," *Antipode* 48(2) (2016): 252-71.

# 찾아보기

# 이주·경계·자유

초판 1쇄 발행 2021년 12월 15일

지은이 하랄드 바우더
옮긴이 이영민, 김수정, 이지선, 장유정, 정예슬, 최혜주

펴낸이 김선기
펴낸곳 (주)푸른길
출판등록 1996년 4월 12일 제16-1292호
주소 (08377) 서울시 구로구 디지털로 33길 48 대륭포스트타워 7차 1008호
전화 02-523-2907, 6942-9570-2
팩스 02-523-2951
이메일 purungilbook@naver.com
홈페이지 www.purungil.co.kr

ISBN 978-89-6291-943-1 93980

이 저서는 2018년 대한민국 교육부와 한국연구재단의 지원을 받아
수행된 연구임 (NRF-2018S1A5A2A03035736).